JN082237

Pythonで学ぶ
数理最適化による
問題解決入門

株式会社ビープラウド、PyQチーム、斎藤 努 | 著

SE
SHOEISHA

本書内容に関するお問い合わせについて

このたびは翔泳社の書籍をお買い上げいただき、誠にありがとうございます。
弊社では、読者皆様からのお問い合わせに適切に対応させていただくため、以下のガイドラインへのご協力をお願い致しております。
下記項目をお読みいただき、手順に従ってお問い合わせください。

❋ ご質問される前に
弊社Webサイトの「正誤表」をご参照ください。これまでに判明した正誤や追加情報を掲載しています。

  正誤表 https://www.shoeisha.co.jp/book/errata/

❋ ご質問方法
弊社Webサイトの「書籍に関するお問い合わせ」をご利用ください。

  書籍に関するお問い合わせ https://www.shoeisha.co.jp/book/qa/

インターネットをご利用でない場合は、FAXまたは郵便にて、下記"翔泳社 愛読者サービスセンター"までお問い合わせください。電話でのご質問は、お受けしておりません。

❋ 回答について
回答は、ご質問いただいた手段によってご返事申し上げます。ご質問の内容によっては、回答に数日ないしはそれ以上の期間を要する場合があります。

❋ ご質問に際してのご注意
本書の対象を超えるもの、記述個所を特定されないもの、また読者固有の環境に起因するご質問等にはお答えできませんので、予めご了承ください。

❋ 郵便物送付先およびFAX番号
送付先住所 〒160-0006 東京都新宿区舟町5
FAX番号 03-5362-3818
宛先   （株）翔泳社 愛読者サービスセンター

はじめに

　本書は、数理最適化による問題解決の初歩を、手を動かしながら学ぶための本です。

　今日、数理最適化は、生産計画の最適化や勤務シフト表の作成、効率的なリソース配分の計画など幅広い分野で使われています。しかし、その理論的な深さや応用範囲の広さから、初学者が挫折感を覚えることも多いです。そこで、本書では理論や詳細な内容を最小限に抑えて、Pythonのコードを動かしながら最適化を体験できるようにしました。さらに、簡単な確認問題を解くことで、理解度を確認しながら読み進められるように構成しました。

　本書の内容は、Pythonのオンライン学習サービスであるPyQ®（パイキュー）をもとに執筆しました。PyQは、Pythonによる長年の開発経験を持つ株式会社ビープラウドが開発・運営しており、Pythonの基礎文法からWeb開発、機械学習、データ分析、数理最適化など実務で使えるいろいろな分野を学べます。

　本書のコードは、ご自身のPCで実行できますし、PyQと併用することでより効率的に学習できます。PyQでは書いたコードの出力が期待する結果と一致するか自動で判定できるため、「こんな書き方もできるかな？」と思ったコードを試したいときに便利です。本書では購入者特典として、本書に関連するPyQコンテンツを1か月間無料で利用できるキャンペーンコードを用意しています。キャンペーンでは、本書の全章の内容および追加の内容も学べます。ぜひ活用してみてください。

　本書やPyQが、読者のさらなる問題解決力の向上に繋がることを心より願っております。

本書の対象読者および構成と学習方法について

こんな方におすすめ

　数理最適化を使って、社会や身近な問題解決に活かしたいという方におすすめです。より詳しい対象読者については、1.1節「数理最適化って何だろう？」も参照してください。本書では、次の知識を前提にしています。

- 高校数学のベクトルの知識
- Python の文法知識

本書の内容をより深く学ぶためには、次の知識もあるとよいです。

- NumPy（ナムパイ）の基本知識
- pandas（パンダス）の基本知識

　また、数理最適化を勉強したけど身につかず挫折した方にもおすすめします。本書は、学習内容を絞ってゆっくり進められるように構成しています。さらに、本書の最後に要点をまとめたチートシートを用意しました。学習後に時間が経って学んだことを忘れかけたときに、このチートシートが役に立つでしょう。

本書の構成と学習方法

　本書は、基礎編、応用編、発展編で構成されています。各編の内容については、1.1節「数理最適化って何だろう？」を参照してください。

　本書の内容は、0.1節「使い方（1）PyQ上で解く」で紹介するPyQの無料のキャンペーンを使って学習できます。また、ローカルに学習環境を構築して学習する方法については、0.2節「使い方（2）ローカルPCのJupyter上で解く」を参照してください。

本書のサンプルの動作環境と付属データについて

⚙ 本書のサンプルの動作環境

第0章「本書の使い方」でご確認ください。

⚙ 付属データのご案内

付属データ（本書記載のサンプルコード）は、以下のサイトからダウンロードできます。

・付属データのダウンロードサイト

URL https://www.shoeisha.co.jp/book/download/9784798172699

⚙ 注意

付属データに関する権利は著者および株式会社翔泳社が所有しています。許可なく配布したり、Webサイトに転載したりすることはできません。

付属データの提供は予告なく終了することがあります。あらかじめご了承ください。

⚙ 会員特典データのご案内

会員特典データは、以下のサイトからダウンロードして入手いただけます。

・会員特典データのダウンロードサイト

URL https://www.shoeisha.co.jp/book/present/9784798172699

⚙ 注意

会員特典データをダウンロードするには、SHOEISHA iD（翔泳社が運営する無料の会員制度）への会員登録が必要です。詳しくは、Webサイトをご覧ください。

会員特典データに関する権利は著者および株式会社翔泳社が所有しています。許可なく配布したり、Webサイトに転載したりすることはできません。

会員特典データの提供は予告なく終了することがあります。あらかじめご了承ください。

❁免責事項

　付属データおよび会員特典データの記載内容は、2024年3月現在の法令等に基づいています。

　付属データおよび会員特典データに記載されたURL等は予告なく変更される場合があります。

　付属データおよび会員特典データの提供にあたっては正確な記述につとめましたが、著者や出版社などのいずれも、その内容に対してなんらかの保証をするものではなく、内容やサンプルに基づくいかなる運用結果に関してもいっさいの責任を負いません。

　付属データおよび会員特典データに記載されている会社名、製品名はそれぞれ各社の商標および登録商標です。

❁著作権等について

　付属データおよび会員特典データの著作権は、著者および株式会社翔泳社が所有しています。個人で使用する以外に利用することはできません。許可なくネットワークを通じて配布を行うこともできません。個人的に使用する場合は、ソースコードの改変や流用は自由です。商用利用に関しては、株式会社翔泳社へご一報ください。

2024年3月
株式会社翔泳社　編集部

CONTENTS

Prologue　PyQでPythonや数理最適化を学ぶ　001

第0章　本書の使い方　005

第1章　数理最適化による問題解決　019

第2章　数理モデルって何だろう　029

第3章 Pythonで数理モデルを作ろう 051

第4章 たくさんの変数はベクトルで 079

Prologue

PyQ で Python や
数理最適化を学ぶ

本章では、本書のもとになった Python のオンライン
学習サービス「PyQ」について紹介します。

P.1 ·· PyQとは

　PyQ は、株式会社ビープラウド[1] が提供する Python のオンライン学習サービスです。Web ブラウザー上でプログラミング学習できるため、環境構築することなくすぐに学習を開始できます。2000問以上の問題が用意されており、PyQ のエディター画面でコードを動かしながら学ぶことで知識を定着させます。現在[2] まで累計で約4万人に利用されており、企業や教育機関におけるプログラミング研修でも多数利用されています。

- PyQ | Python で一歩踏み出すあなたのための、独学プラットフォーム
  URL https://pyq.jp/

- PyQ で学習できるカリキュラム

プログラミングの基本	Python 入門〜中級	Python 文法速習
ユニットテスト、設計	Web アプリ開発	Django
スクレイピング	データ分析	機械学習
統計入門	アルゴリズム	数理最適化と問題解決

---

[1] 株式会社ビープラウド（URL https://www.beproud.jp/）は、2008年より Python を主言語として採用、Python を中核にインターネットプラットフォームを活用したシステムの自社開発・受託開発を行う。優秀な Python エンジニアがより力を発揮できる環境作りに努め、Python 特化のオンライン学習サービス「PyQ（パイキュー）」・システム開発者向けクラウドドキュメントサービス「TRACERY（トレーサリー）」などを通してそのノウハウを発信。IT勉強会支援プラットフォーム「connpass（コンパス）」の開発・運営や勉強会「BPStudy」の主催など、技術コミュニティ活動にも積極的に取り組む。

[2] 2023年11月現在。

PyQ で Python や数理最適化を学ぶ

P.2 本書とPyQの併用・購入特典

P.2 本書とPyQの併用・購入特典

本書に掲載している問題は、PyQでも学習できます。PyQでは、コードの自動判定機能があるため、自分のコードが正しいかを簡単に検証できます（図P.2.1）。本書のコード以外にも「この書き方でも動くのではないか？」と試したい場合に便利です。

本書の購入者には、全章の内容および追加の内容を、PyQで1か月間無料で利用できるキャンペーンコードを用意しています。

詳しくは、0.1節「使い方（1）PyQ上で解く」を参照してください。

図P.2.1：PyQの学習画面

PyQ の「クエスト」形式

PyQ では、インターネットに接続すればすぐに始められる
「クエスト」という単位で学習を進めていきます。

01. いつでも / どこでも / 自分のペースで

1 つのクエストは数単元、10 分〜30 分程度で
学べる分量で、隙間時間の学習でも効率的。
600 クエスト /1500 問を超える豊富な
コンテンツを自由に学習できます。

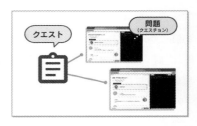

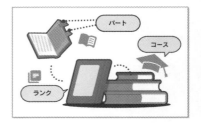

02. 読む / 書く / 動かすサイクルで 丁寧に理解し、使える知識へ

現役 Python エンジニアによる
実務的なコードが教材です。
書いて動きを理解し、解説で確認。
納得しながら学び、実践力を身につけます。

03. 豊富な分野から、迷わず学べる

広く深いコンテンツで迷わないよう、
クエストは「コース」「ランク」「パート」
にまとめられています。
データ分析 /Web 開発など興味に合わせて
体系的に学習できます。

PyQ で Python や数理最適化を学ぶ

第 0 章

本書の使い方

本書の問題は、JupyterLabで解くことを想定しています。本章では、次の2通りの使い方を紹介します。

0.1節 使い方（1）PyQ上で解く
0.2節 使い方（2）ローカルPCのJupyter上で解く

0.1 ‥ 使い方（1）PyQ 上で解く

Python のオンライン学習サービス PyQ[1] を使って、本書に対応した問題を Web ブラウザー上で解けます。PyQ では、書いたコードの出力が期待する結果と一致するか自動で判定できるため、答え合わせが効率的にできます[2]。

本書に対応する PyQ コンテンツ

- ランク：Python で学ぶ数理最適化による問題解決入門
  URL https://pyq.jp/ranks/math_opt_intro

本書のキャンペーンコードを利用することで、1 か月間無料で利用できます。次項の手順にしたがって PyQ をはじめてみましょう。

Memo

本書で紹介する手順について

本手順は 2023 年 11 月時点のものです。今後のサービス改善により、手順や画面が変わる可能性があります。本書掲載の内容と実際の画面が異なる場合、次の URL から手順を確認してください。

- Python で学ぶ数理最適化による問題解決入門 - PyQ ドキュメント
  URL https://docs.pyq.jp/reading/opt_intro.html

---

[1] PyQ について詳しくは、Prologue の「PyQ とは」を参照してください。
[2] PyQ では使用ライブラリのバージョンを常に更新しているため、コードの書き方が本書とは異なることがあります。

無料キャンペーンの利用手順

1 4章の最後に掲載している キャンペーン用URL にアクセスすると、無料キャンペーン登録画面が表示されます。

2 休会中のPyQのアカウントを持っている方は、 ログイン を押してログインします。それ以外の方は、 新規登録 を押して、ユーザー名、メールアドレス、パスワードを記入し 個人ユーザー登録 を押します（図0.1.1）。

3 無料キャンペーン登録画面が表示されます。支払い方法を登録します（図0.1.2）。

図0.1.1：ユーザー登録画面

図0.1.2：無料キャンペーン登録画面

4 入力が完了したら、無料キャンペーンを適用する を押します（課金は発生しません）。

5 「PyQを始めよう！」画面が表示されるので、PyQを始める を押します。

6 PyQのトップページ（ダッシュボード）が表示されます。このダッシュボードへは、左上の PyQのロゴ からいつでも移動できます。まずは、PyQへようこそ！ というダイアログの指示にしたがって進めてください（図0.1.3）。また、ダッシュボードの 学習中のコース の コースの詳細を見る でキャンペーンで学習できるコンテンツを確認できます。

図0.1.3：PyQへようこそ！

自

Memo

キャンペーンコードについて

キャンペーンコードを利用することで、本書に関連するコンテンツを1か月間無料で解けます。

キャンペーンを利用した場合、クレジットカードを登録していても課金は発生しません。また、キャンペーン期間終了時には自動的に問題が解けなくなります。自動的に課金されることはないのでご安心ください。

キャンペーン終了後もPyQを使った学習を継続したい場合は、本節最後の「キャンペーン終了後のPyQの利用」を参照してください。

本書の問題を解く

　本書に対応したPyQのコンテンツは、ランク「Pythonで学ぶ数理最適化による問題解決入門」で実施できます。

　PyQのコンテンツは、図0.1.4のようなランク・パート・クエスト・問題（クエスチョン）の階層構造で構成されています。それぞれ「ランク」が本書全体、「パート」が本書の章、「クエスト」が本書の節の内容に対応しています。

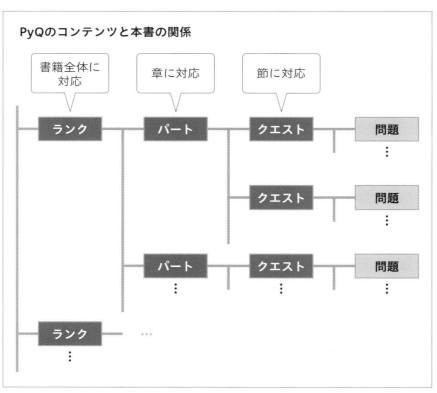

図0.1.4：PyQのコンテンツの階層構造

1 ランク「**Pythonで学ぶ数理最適化による問題解決入門**」（**URL** https://
pyq.jp/ranks/math_opt_intro）を開き、解きたいパートを押します（図
0.1.5）。

図0.1.5：ランクからパートを選択

2 クエストの一覧が表示されるので、本書の解きたい節に対応したクエスト
を押します（図0.1.6）。

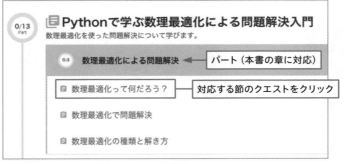

図0.1.6：クエストの一覧からクエストを選択

3 クエスト画面が表示されるので、 クエストを始める を押して学習を開始します（図 0.1.7）。

図 0.1.7：クエスト画面

4 エディター画面が表示されます。左側に「問題」、右側に「初期コード」が表示されています [3]（図 0.1.8）。

図 0.1.8：エディター画面

[3] PyQ では、データの準備などのコードはあらかじめ初期コードとして入力されています。画面の表示直後では、初期コードは未実行なので、最初のセルから順番に実行してください。

5 PyQ では、次の3種類の問題があります。

- **確認問題**：選択形式の問題に答えることで、学んだ内容を理解できているか確認します。
- **写経**：お手本と同じコードを自分でも書いて実行することで、理解を深めながら学習します。
- **演習**：学んだ内容が理解できているかどうか、「期待する結果」になるように解答のコードを書く演習形式です（図0.1.9）。

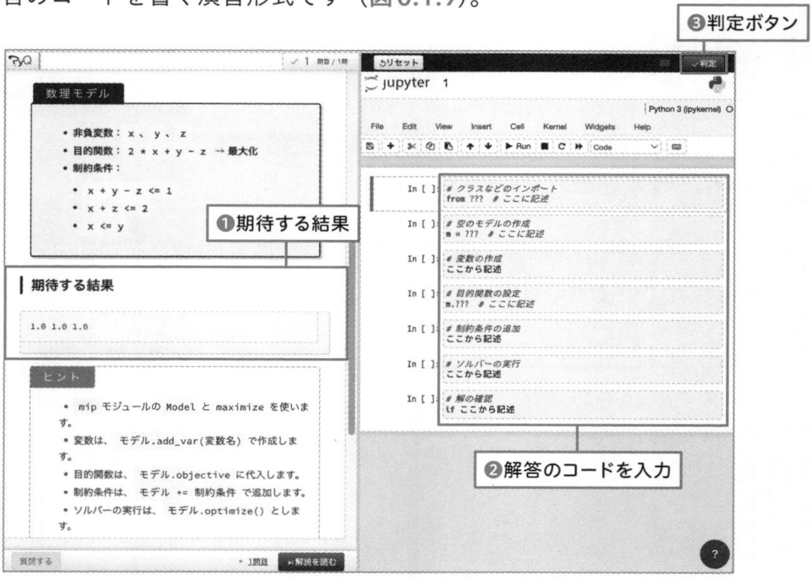

図0.1.9：解答コードの入力（演習の場合）

6 どの種類の問題でも、画面右上の 判定 を押すとプログラムの判定が実行されます[4]。判定結果が期待通りの場合、右下に OK と表示され、左側に解説が表示されます（図0.1.10）。

---

[4] 判定 を押す前に、Jupyterのセルを実行してコードを動作確認できます。通常のJupyter同様に、ツールバーの ▶ Run を実行するか、Shift + Enter でセルを実行できます。なお、PyQでは問題（クエスチョン）を切り替えるとセルの実行状態がリセットされます。そのため、別の問題に切り替えた場合は最初のセルからもう一度実行し直してください。

図0.1.10：クリア後の解説表示（演習の場合）

Memo

演習で解答がわからないときは

演習で解答がわからない場合や、意図通り動作しない場合は、画面左下の
模範解答を見る を押すことで解答を確認できます（図0.1.11）。

図0.1.11：模範解答を見る

7 解説を読んだら、画面中央下の クエスト完了 を押します（図0.1.12）。

図0.1.12：クエストの完了

8 クエスト完了ダイアログが
表示されます。クエスト完
了ダイアログでは、学習の
理解度や学習ノートを残せ
ます。 次のクエストへ を
押すと、次のクエストに移
動できます（図0.1.13）。

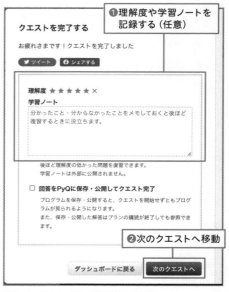

図0.1.13：クエスト完了ダイアログ

本書の使い方

〔 014 〕

Memo

「学習の理解度」と「学習ノート」の機能について

クエスト完了ダイアログで学習の理解度を記録すると、「すべての問題」画面（**URL** https://pyq.jp/quests/）で理解度の状況に応じた検索が可能になります（図0.1.14）。理解が曖昧であとから復習したいクエストのブックマーク代わりに使うと便利です。

また学習ノートで記録した内容は、クエスト画面上で確認できます（図0.1.15）。この他、クリア済の問題はエディター画面を開かなくてもクエスト画面上で内容を確認できるので、復習する際に便利です。

図0.1.14：学習の理解度による検索（「すべての問題」画面）

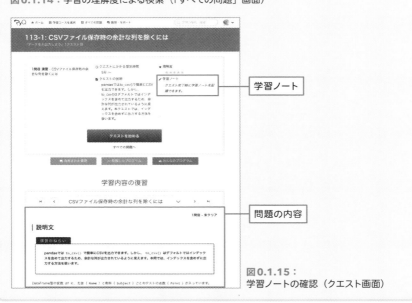

図0.1.15：学習ノートの確認（クエスト画面）

キャンペーン終了後の PyQ の利用

　1か月間の無料キャンペーン終了後は、PyQ 上の問題が解けなくなります。キャンペーン終了時に、解約の手続きは不要です。自動的に課金されることはないのでご安心ください。引き続き PyQ を利用したい場合は、次の Web ページ中の「キャンペーン終了時について」を参照してください。

- PyQ キャンペーンコードの利用方法 - PyQ ドキュメント
  `URL` https://docs.pyq.jp/help/campaign.html

0.2 使い方（2）ローカルPCの Jupyter上で解く

　本書のコードは、macOSやWindowsのJupyterLabで実行できます。確認はPython 3.11で行っています。

　Pythonのインストールは、次を参考にしてください。

- **Pythonのインストール - PyQドキュメント**
  `URL` https://docs.pyq.jp/python/library/install.html#python

　なお、M1/M2チップの場合は次を参考にしてください。

- **M1/M2でIntel用ライブラリを利用する手順 - PyQドキュメント**
  `URL` https://docs.pyq.jp/python/library/install_m1_mac.html

　本書のコードを仮想環境で実行する場合は、ターミナルやコマンドプロンプトで次のようにします。

macOS/Linuxの場合

```
python3 -m venv venv
source venv/bin/activate
```

Windowsの場合

```
python -m venv venv
venv\Scripts\activate
```

　ここからは、macOSとWindowsで共通の処理になります。次のように必要なライブラリをインストールします[5]。

---

[5] Python 3.12の場合は、mip==1.14.2とすればインストールできます。

ライブラリのインストール

```
pip install mip==1.15.0 mip-tool==0.3.2 pandas==2.1.3 jupyterlab==4.0.9 ➡
matplotlib==3.8.2
```

JupyterLabの起動は次のようにします。

JupyterLabの起動

```
jupyter lab
```

JupyterLabの使い方については、次を参考にしてください。

- **Jupyter Notebook & JupyterLab - PyQドキュメント**
  URL https://docs.pyq.jp/python/pydata/jupyter/

データのダウンロード

本書のコードを、次のサポートページからダウンロードできます。

- **本書のサポートページ**
  URL https://www.shoeisha.co.jp/book/detail/9784798172699

第 1 章

数理最適化による問題解決

数理最適化の概要を学び、どのような課題を扱うのか
イメージをつかめるようになります。

1.1 … 数理最適化って何だろう？

PyQのURL https://pyq.jp/quests/mo_intro_what/

　明日は、お昼から夕方まで家族とテーマパークに行きます。たくさんのアトラクションがありますが、全部回るのは難しいです。家族でたくさん楽しめるようにするには、どのアトラクションを選べばいいでしょうか？

　アトラクションごとに満足度がわかるとします。この満足度の高い順に選んでいけば、それなりに満足できるでしょう。ですが、一番満足度の高い回り方を知りたいと思いませんか？　数理最適化を使えば、一番満足度の高い回り方を計算できます。

　数理最適化とは何でしょうか？

　数理最適化は、最適化問題を解くための学問です。こう聞くと難しそうに感じるでしょう。そこで、本書では最適化問題についての厳密な説明を避けて、身近な問題や社会の問題を通して説明するようにしました。

　社会のさまざまな課題が表現された図1.1.1のポスターから、いくつかの課題をピックアップして見てみましょう。このポスターは、公益社団法人日本オペレーションズ・リサーチ学会で作成されました[1]。

- どこでもすばやく行けるように、消防署のよりよい場所を提案する
- 利益を確保しつつリスクが最小になるように、投資先のポートフォリオを計算する
- 公平で働きやすいように、アルバイトのシフトを作成する
- ドライバーの条件を考慮して、商品の配送計画を立案する
- 費用が最小になるように、工場の生産順序を計画する

[1] ORはオペレーションズ・リサーチ（問題解決学）の略です。「ORを探せ！」とは「社会で使われているオペレーションズ・リサーチの技術を探せ」という意味です。

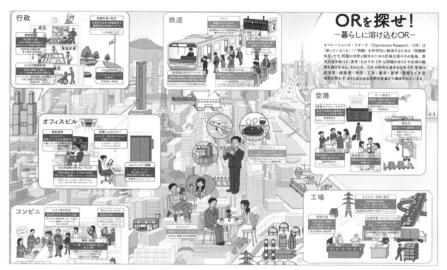

図 1.1.1：ORを探せ！

出典：公益社団法人 日本オペレーションズ・リサーチ学会、資産活用委員会：ORを探せ！より引用
　　　URL https://orsj.org/?page_id=3362

　たとえば、製品を工場から倉庫に輸送するときに、どの製品をいつどれだけどうやって運ぶかを計画できます。運び方は何通りもありますが、最適化を使うと輸送費が最小の運び方を求められます。

　最適化は、「膨大な可能性の中からもっともよいやり方を効率よく求める手法」といえるでしょう。

　最適化を扱う人には2種類の人がいます。アルゴリズムを研究したりソフトウェアとして開発する人と、仕事の課題を解決するために利用したいと考えている人です。

　本書の対象者は、後者の「仕事の課題を解決したい人」です。これには、「自分自身の課題を解決したい人」の他に「他人の課題解決をサポートしたい人」や「最適化を課題解決に使えないか興味があるので勉強したい人」も含まれます。そのため、理論的な話や詳しい話をなるべくしないで、問題解決の考え方や方法に重点を置いています。また、単に読むだけでなく、コードを書いて動かすことで最適化を体験できるようにしています。

　本書は、基礎編、応用編、発展編で構成されています。

　基礎編では、応用編で必要になる基本的な知識を学びます。数理モデルの種類やその構成要素と特徴、Python による作成方法などです。

　応用編では、4つの具体的な問題解決を学びます。いろいろな課題をどのように考えて答えを出すのかを体験します。

　発展編では、pandas を使ったモデル化を学びます。pandas はデータ分析のライブラリですが、最適化モデルの作成に使えます。pandas を使うことで、複雑なモデルをわかりやすくシンプルに作成できます。

- 基礎編
  - 1章 数理最適化による問題解決
  - 2章 数理モデルって何だろう
  - 3章 Python で数理モデルを作ろう
  - 4章 たくさんの変数はベクトルで
  - 5章 混合整数最適化って何だろう
  - 6章 Python-MIP のクラス
- 応用編
  - 7章 問題解決ってどうやるの？
  - 8章 輸送費を減らしたい
  - 9章 もっと食べたくなる献立を
  - 10章 お酒をわけよう
  - 11章 シフト表を作りたい
- 発展編
  - 12章 pandas で数理モデルを作ろう
  - 13章 pandas で再モデル化

　本書では、覚えることをなるべく少なくして、学習しやすくなるようにしています。また、ところどころに「〇〇を覚えましょう」とありますが、これは「暗記してください」という意味ではありません。「どこで学んだかわかるようにして見直せるようにしましょう」ぐらいの意味です。そのためには、メモを取るなどして見返せるようになっているとよいでしょう。

確認問題

本書の主な対象者を選んでください（3つ選択）

1. 数理最適化のアルゴリズムの研究者
2. 数理最適化に興味がありどんなものか勉強したい人
3. 課題解決をしたい人
4. 課題解決で困っている人を助けたい人

確認問題—解答

2、3、4

1. ×　数理最適化のアルゴリズムの研究者

本書では、数理最適化のアルゴリズムの詳しい説明はしません。

2. ○　数理最適化に興味がありどんなものか勉強したい人

具体的に数理最適化でできることを知るには、応用編の8章「輸送費を減らしたい」以降を見てみましょう。

3. ○　課題解決をしたい人

数理最適化を使うためには、覚えることがたくさんあります。本書では、内容を絞って学習しやすくしています。

4. ○　課題解決で困っている人を助けたい人

7.1節「問題解決への取り組み方」に、困っている人を助けたい人向けの考え方を紹介しています。

まとめ

本書では、課題解決をしたい人／助けたい人／ちょっと学んでみたい人向けに、数理最適化の考え方や具体的なコードの書き方などを説明します。

1.2 数理最適化で問題解決

PyQのURL https://pyq.jp/quests/mo_intro_begin/

　本書で学ぶ数理最適化は、問題解決の手法です。ここでは、どのように問題解決するのかを簡単に紹介します。

　テーマパークを楽しむために次の課題があります。

- 解決したいこと：より満足するアトラクションの回り方
- 考慮するデータ：アトラクションごとの満足度と体験時間[2]、テーマパークの滞在予定時間

　問題を解決するために方針を具体化しましょう。

　決めたいことは、「どのアトラクションを選択するか」とします。回る順番は考慮しないことにします。

　やりたいことは、「選択したアトラクションの満足度の合計を最大にすること」とします。

　考慮するのは、「選択したアトラクションの体験時間の合計が滞在予定時間以下になること」とします。

　この方針で結果を出すと、選択したアトラクションが出てきます。これが解決策になります[3]。

　このように問題から、決めたいこと、やりたいこと、考慮することを決めて、検討する範囲を決めたものをモデルといいます。

　数理最適化で作成するモデルを数理モデルといいます。この数理モデルは必ず作成しないといけません。この数理モデルを解いた答えを使って問題解決をします。

---

[2] 体験時間では、おおよその移動時間や待ち時間も考慮しているとします。

[3] 実際に回るためには回る順番を決めないといけません。ですが、それは別途考えることとし本書では考えません。

　数理モデルは、どのように問題を解くかを考えて作成します。1つの問題に対して、数理モデルは1つとは限りません。問題の捉え方ごとに数理モデルを考えられます。慣れないと数理モデルを考えるのは難しいです。しかし、自分で考えた数理モデルで答えが出ると達成感を味わえるでしょう。

　数理モデルの詳細については、本書を通してゆっくり学びます。

確認問題

本書の問題解決でやることを選んでください（2つ選択）
　1. 勘で問題解決する
　2. 数理最適化を使って問題解決する
　3. ツールで用意されている数理モデルを使う
　4. 問題から数理モデルを考える

確認問題―解答

　2、4

---

1. ×　勘で問題解決する

　ベテランの勘で実行するとよい結果になることも多いです。しかし、本書では扱いません。

2. ○　数理最適化を使って問題解決する

　数理最適化を使うことで、輸送費の削減などの問題解決をします。

3. ×　ツールで用意されている数理モデルを使う

　配送最適化などの市販のツールには、数理モデルを組み込んでいるものがあります。しかし、組み込まれている数理モデルでは特定の問題しか解けないため、本書で扱うさまざまな問題には対応できません。

4. ○　問題から数理モデルを考える

　数理モデルは、解きたい問題に応じて自分で作成する必要があります。

まとめ

本書では、問題解決の手法として数理最適化を使います。数理最適化では、数理モデルを作成します。数理モデルを解いて、その答えを使って問題を解決します。

1.3 … 数理最適化の種類と解き方

PyQのURL https://pyq.jp/quests/mo_intro_type/

　本書で扱う数理最適化は、線形最適化（せんけいさいてきか）と混合整数最適化（こんごうせいすうさいてきか）という種類になります。ここでは最適化の名前と枠組みだけ簡単に紹介し、詳しくはあとで学びます。まずは、これらの最適化を使って問題解決することを知ってください。

　線形最適化や混合整数最適化は、いろいろなアルゴリズムを使って解けます[4]。

　これらのアルゴリズムを使って数理モデルを解くソフトウェアをソルバーといいます。本書では、無料のソルバーを使って数理モデルを解いていきます。数理モデルはPythonで作成します。このPythonの数理モデルから、用意されているメソッドを実行するだけで、ソルバーを呼び出して解けます。

　つまり、問題を解くために必要なことは、数理モデルを作成することになります。数理モデルを解いて答えを求める計算は、ソルバーに担当してもらいます。

　どんな問題もこのしくみで解けるわけではありませんが、驚くほどいろいろな問題が扱えます。

　本書では、モデルの作り方（モデリングといいます）の学習を重点的に学ぶため、最適化理論やアルゴリズムの詳細については割愛します。また、線形最適化や混合整数最適化の他にも非線形最適化（ひせんけいさいてきか）[5]という種類がありますが非線形最適化は扱いません。

----

[4] 線形最適化は単体法（たんたいほう）や内点法（ないてんほう）あるいはその改良版のアルゴリズムを使って解けます。また、混合整数最適化は分枝限定法（ぶんしげんていほう）や切除平面法（せつじょへいめんほう）あるいはその改良版のアルゴリズムを使って解けます。これらのアルゴリズムは、2.6節「ソルバーとは」で簡単に紹介します。

[5] 曲面のように複雑な関数の最適化のことです。

確認問題

数理最適化で扱うソルバーについて、正しいものを選んでください（2つ選択）

1. ソフトウェアである
2. 数理モデルを作成できる
3. 数理モデルを解ける
4. 有料で使えるものしかない

確認問題—解答

1、3

---

1. ○ ソフトウェアである

ソルバーはソフトウェアです。

2. × 数理モデルを作成できる

数理モデルは、ソルバーの入力として別途作成します。

3. ○ 数理モデルを解ける

このあとの学習では、数理モデルのメソッドを通してソルバーを実行して数理モデルを解きます。

4. × 有料で使えるものしかない

ソルバーには、有料のものと無料のものがあります。本書ではCBC[6]という無料のソルバーを使います。

まとめ

- 本書では、線形最適化と混合整数最適化を扱う
  - これらの数理モデルを解くソフトウェアをソルバーという
  - 本書では、無料のソルバーを使う

---

[6] CBCについては、3.1節「Python-MIPとは」で学びます。

コラム

本書では、線形最適化と混合整数最適化の数理モデルの作り方について説明しています。線形最適化は数十年前に考案され、コンピューターの普及によって今日まで多くの業務に使われてきました。一方、混合整数最適化は線形最適化よりも解くのが難しく、二十数年ほど前まではあまり実務で使われていませんでした。しかし、最近の混合整数最適化のソルバーやコンピューターの性能向上によって、欧米では実務での利用が増えています。日本ではまだ実務で広く使われていると自信を持っていえませんが、今後さらに混合整数最適化が広まることを願っています。

数理最適化による問題解決

第 2 章

....

数理モデルって何だろう

数理モデルの特徴や構成要素（変数／制約条件／目的
関数）について学び、数理モデルを解く流れを把握し
ます。

2.1 … 数理モデルの概要

PyQのURL https://pyq.jp/quests/mo_intro_model_01/

　数理最適化は問題解決の手法です。問題の重要な部分を数理モデルで表して、そのモデルを解いて問題解決へアプローチします。このように「モデルで表現できることの理解」が数理最適化では重要になります。

　ここでは、数理モデルの概要を確認します（図2.1.1）。

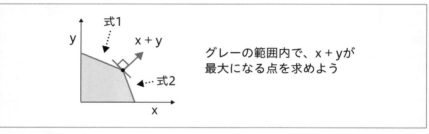

図2.1.1：最適化の例

　数理モデルには決められた表現方法があります。まずは図2.1.1のように2変数の最適化を平面で表した例を見てみましょう。ここでは、x + yを最大化します。このとき、図のグレーの範囲の右上の点が最大になります[1]。

　最適化のモデルには次の特徴があります。

- 変数がある
- 式を最大化または最小化する
- 変数の取りうる範囲が決まっている

　数理モデルは、これらの特徴を持った「変数、目的関数、制約条件」で表現されます。

----

[1] x + yの向き（**図2.1.1**の斜めの矢印）に垂直な線が、右上の点で接するので、この点が最大になります。

変数は、意思決定の対象です。たとえば「製品Aの生産個数」などです。
1つの変数が1つの数値を取ります。この例の変数は、xとyの2つです。

最大化／最小化する式を目的関数といいます。たとえば「生産費用の最小化」
などです。ここでは、目的関数はx + yの最大化です。

変数の取りうる範囲を決めるものを制約条件といいます。たとえば「材料X
の使用量は100kg以下」などです。ここでは、x >= 0などの制約条件がありま
す。詳しくは、あとで確認します。

このように、目的関数や制約条件に数式を使うので数理モデルといいます。
本書で使う数式は、基本的に四則演算です。問題から数理モデルを作るときは、
次のように考えるといいでしょう。

- 変数：決めたいこと
- 目的関数：やりたいこと
- 制約条件：守らないといけないこと

意思決定可能でないものは変数ではありません。たとえば、商品を仕入れて
販売し利益を最大化したいとします。このとき、仕入れの単価を自分で意思決
定できないのであれば、仕入れの単価は変数にはなりません。

数理最適化による問題解決は、万能ではありません。数理モデルで表しにく
い問題は苦手です。苦手な例として、順序がある処理を含む問題があります。
たとえば、将棋のように先を読まないといけないゲームは苦手です。

確認問題

数理最適化の数理モデルの主な構成要素を選んでください（2つ選択）
1. 目的条件
2. 制約条件
3. 初期条件
4. 変数

確認問題─解答

2、4

1. ✕　目的条件

目的条件ではなく目的関数（やりたいこと）が、数理モデルの主な構成要素です。

2. ○　制約条件

制約条件（守らないといけないこと）は、数理モデルの主な構成要素です。

3. ✕　初期条件

初期条件は物理の方程式を解く場合などに使われるもので、数理モデルの主な構成要素ではありません。

4. ○　変数

変数（決めたいこと）は、数理モデルの主な構成要素です。

まとめ

- 2変数の最適化は、平面の図で表現できる
- 最適化の数理モデルは、変数、目的関数、制約条件で構成され、数式で表現される
- これらは、決めたいこと、やりたいこと、守らないといけないことから考えるとよい

コラム

変数という言葉はいろいろな場面で使われますが、文脈で意味が異なるので注意しましょう。

- 数理モデルにおける変数：意思決定の対象です。モデルにおいて変更可能です。
- Pythonにおける変数：オブジェクトについたラベルです。オブジェクトが変更可能とは限りません。

本書における「変数」は、主に数理モデルにおける変数を意味します。「どう行動するか」が数理モデルの変数です。問題解決の解決策にあたる重要なものです。

次は、線形最適化問題について詳しく見ていきます。

2.2 線形最適化問題とは

PyQのURL https://pyq.jp/quests/mo_intro_model_02/

本書で扱う数理モデルとその特徴を見ることで、理解を深めていきます。
図2.2.1の目的関数が最大の点は、どうやって計算できるでしょうか?

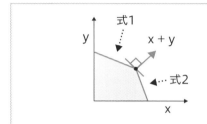

グレーの範囲内で、x + yが
最大になる点を求めよう

図2.2.1: 最適化の例1

　最大の点は右上の点です。この点は直線の交点なので、式1と式2の連立方
程式を解いて答えが出ます[2]。このように目的関数が一番よくなる答えを最適
解といいます。

　この図の式は直線になります。直線の式を一次式や線形の式といいます。そ
して目的関数や制約条件に線形の式しか出てこない数理モデルを問題の分類上
線形最適化問題といいます。

　線形最適化問題に最適解があるときは、必ず交点のどれかが最適解になりま
す。つまり、交点を作っている一次式の連立方程式を解けば最適解が出ます。

　では、数理モデルの最適解は、連立方程式を解けば求められるでしょうか?
図2.2.2で考えてみます。x + yが最大になる点はどこでしょう。

[2] ここでは、平面上の1つの点が1つの解になります。

図中のラベル:
式1
式2
式3
y
x

グレーの範囲内で、x + yが
最大になる点を求めよう

図2.2.2：最適化の例2

　この図だけだとわかりませんね。2点のどちらかにはなります。

　1つの点は式1と式2の連立方程式の解、もう1点は式2と式3の連立方程式の解です。したがって、連立方程式を解けば答えは出ます。でも、連立方程式にどの式を使ったらいいかは、一般には簡単に決まりません。しかし、アルゴリズムを使うことで、もっと変数の多い問題でも効率的に最適解を探せます。このように効率的に解けるのは、アルゴリズムが線形という性質をうまく使っているからです。ただし本書では、問題からモデルを作る考え方を中心に学び、アルゴリズムについては詳しく扱いません。ここでは「一般的な最適化問題と比べて線形最適化問題は効率的に解ける」ということを覚えてください。

> **確認問題**
>
> 線形最適化問題の特徴を選んでください（2つ選択）
> 1. 目的関数が二次式でもよい
> 2. 一次式の制約条件が1つでもあれば、二次式の制約条件があってもよい
> 3. 特定の連立方程式の解が最適解になる
> 4. 線形最適化問題は比較的効率的に解ける

> **確認問題—解答**
>
> 3、4

1. ×　目的関数が二次式でもよい
   目的関数が一次式でないと線形最適化問題にはなりません。
2. ×　一次式の制約条件が１つでもあれば、二次式の制約条件があってもよい
   すべての制約条件が一次式でないと線形最適化問題にはなりません。
3. ○　特定の連立方程式の解が最適解になる
   特定の連立方程式を解くと、線形最適化問題の最適解になります。
4. ○　線形最適化問題は比較的効率的に解ける
   実務では変数が数百万個以上の問題が解かれています。

まとめ

- 線形の式だけで構成される最適化問題を線形最適化問題という
- 線形最適化問題に最適解があるときは、交点の中に最適解がある
- 線形最適化問題は（線形でない問題に比べて）効率的に解ける

コラム

一般に、問題には２つの意味があります。

- 解決すべき課題
- 答えに対する問い

前者の解決すべき課題は、現実と目標の違いから生じるものです。問題解決の問題がこれにあたります。本書では、問題という言葉を前者の意味で使います。ただし、線形最適化問題、ナップサック問題のように書く場合は、後者の意味で使います。

2.3 線形の数理モデルの特徴

PyQのURL https://pyq.jp/quests/mo_intro_model_03/

線形の数理モデルについて、もっと詳しく見ていきましょう。
数理モデルの構成要素は3つでしたね。次の具体例を考えます。

数理モデル

- 変数：x、y
- 目的関数：x + y → 最大化
- 制約条件：x + 2 * y <= 3、2 * x + y <= 3、x >= 0、y >= 0

このモデルを図に書くと図2.3.1のようになります。

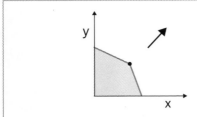

変数： x と y
目的関数：矢印の方向
制約条件：グレーの範囲

図2.3.1：モデルの図示

このモデルのポイントをあげます。

- 1つの変数は、1つの実数を表現できる
  - 2つの変数は、平面を表現できる
- 目的関数は一次式で表現できる
- 制約条件は、一次式 <= 数値などのように表現できる

数理モデルって何だろう

　補足しましょう。変数の取りうる範囲（図2.3.1のグレーの範囲）を実行可能領域（じっこうかのうりょういき）といいます。そして、実行可能領域内の点を解（かい）といいます。解は変数の値の集合です。図2.3.1の変数は2個ですが、一般には変数の個数はいくつでも構いません。

　数理モデルは必ず、目的関数を最大化するか目的関数を最小化するかどちらかを決めないといけません。ただし、目的関数を設定しないことも可能です。目的関数を設定しないと、目的関数は「なし」の状態になります[3]。目的関数がない場合は、便宜的に最小化とみなします。

確認問題

線形最適化の数理モデルの特徴を選んでください（1つ選択）
　1. 1つの変数の値は実数になる
　2. 目的関数は常に最大化になる
　3. 目的関数に変数の一次式以外を設定できる
　4. 制約条件に変数の一次式以外を設定できる

確認問題―解答

1

---

1. ○　1つの変数の値は実数になる
　変数の値は実数になります。
2. ×　目的関数は常に最大化になる
　目的関数は、最大化か最小化のどちらかになります。
3. ×　目的関数に変数の一次式以外を設定できる
　線形最適化では、目的関数に一次式だけ設定できます。
4. ×　制約条件に変数の一次式以外を設定できる
　線形最適化では、制約条件に一次式だけ設定できます。

---

[3] 3.6節 演習「文章問題の練習」で、目的関数がない場合の演習をします。

まとめ

線形最適化の数理モデルの特徴

- 1つの変数は、1つの実数を取れる
- 変数は、いくつあってもよい
- 変数の取りうる範囲を実行可能領域という
- 実行可能領域内の点を解という
- 最大化か最小化のどちらかを決める
- 目的関数と制約条件は、一次式になる

コラム

常に最適解が得られるアルゴリズムを厳密解法といいます。この厳密解法から得られる最適解を厳密解といいます。本書で扱うアルゴリズムは厳密解法なので、本書に出てくる最適解は厳密解です。

また、必ずしも厳密解が得られるとは限らないアルゴリズムを近似解法といいます。近似解法から厳密解が得られることもありますが、厳密解でない場合は近似解が得られます。一般に、近似解法は厳密解法より計算時間がかなり短いです。実務の難しい問題では、近似解法が使われることも多いです。

2.4 制約条件の書き方

PyQのURL https://pyq.jp/quests/mo_intro_model_04/

制約条件の特徴を見ていきます。制約条件は次の3種類だけ使えます。

- 式1 >= 式2：式1は式2以上
- 式1 <= 式2：式1は式2以下
- 式1 == 式2：式1は式2と等しい

>や<、!=は、使えないので注意してください。

複数の制約条件があるときは、すべての制約条件が成立するものが解になります。

次の制約条件で確認しましょう。

1. x + 2 * y <= 3
2. 2 * x + y <= 3
3. x >= 0
4. y >= 0

実行可能領域は、すべての制約条件が重なった領域になります（図2.4.1）。

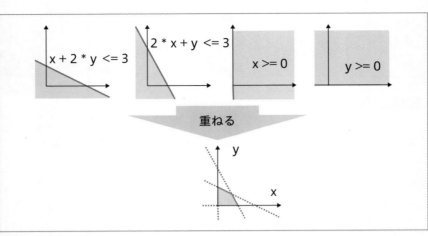

図2.4.1：実行可能領域

確認問題

制約条件の特徴を選んでください（2つ選択）
1. 複数の制約条件を持てる
2. >、<、!=が使える
3. >=、<=、==が使える
4. 解はいずれかの制約条件を満たせばよい

確認問題—解答

1、3

1. ○ 複数の制約条件を持てる

制約条件は複数持てます。

2. × >、<、!=が使える

>、<、!=は使えません。

3. ○ >=、<=、==が使える

>=、<=、==だけ使えます。

数理モデルって何だろう

4. × 解はいずれかの制約条件を満たせばよい

解はすべての制約条件を満たさないといけません。

まとめ

数理モデルの制約条件の特徴

- 1つの制約条件は、>=、<=、==のどれかにする
- 制約条件は、いくつあってもよい
- 解は、すべての制約条件を満たす

コラム

線形最適化問題には、次の特徴があります。

::: 線形最適化問題の特徴

最適解が存在するとき、実行可能領域の境界の頂点の中に必ず最適解が存在する

3つの変数の最適化を例に説明します。3次元で下向きに最小化する場合をイメージして
みてください。実行可能領域を多面体とします。この多面体の一番下に床を考えると、床
に接地した部分が最適解です（**図2.4.2**）。上記の特徴は、必ず接地部分の中に多面
体の頂点が含まれることを意味しています。

線形最適化ソルバーはこの特徴を使っているため、たとえ頂点以外の最適解が存在して
いても最適解として頂点を出力します。

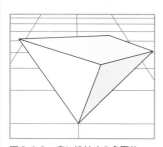

図2.4.2：床に接地する多面体

次は、結果のステータスについて詳しく見ていきます。

2.5 結果のステータス

PyQのURL https://pyq.jp/quests/mo_intro_model_05/

最適解は、存在しないこともあるし、無限に存在することもあります。

たとえば、制約条件がx + y <= 1で、目的関数がx + yの最大化の場合、最適解 (x, y) は、(0, 1) や (1, 0) の他にも (0.1, 0.9) や (0.01, 0.99) のようにいくらでも考えられます。

最適解を利用する前に、結果がどうなっているかを確認することは重要です。

数理モデルを解いた結果の状態を結果のステータスといいます。ステータスは、最適解の存在の仕方によって図 2.5.1 の 3 種類に分けられます。もっと細かく分けて考えられますが、本書では簡単のため 3 種類とします。この分類では、解の個数については気にしません。なお、図中の矢印は目的関数の向きです。また、黒丸は最適解です。

図2.5.1：ステータスの種類

最適な目的関数の値が 1 つに決まるとき、ステータスは最適解ありになります。ただし、目的関数の値が 1 つでも最適解の個数は無限に存在するかもしれません。

解が 1 つも存在しないときは実行不可能になります。これは、実行可能領域が空っぽということです。制約条件が間違っているときになりやすいです。

　目的関数の値が $-\infty$ か ∞ [4] に発散するときは、非有界（ひゆうかい）になります。これは、目的関数が間違っていたり、制約条件が不足していたりするとなりやすいです。

　非有界の場合も実行不可能と同じく、最適解は存在していません。

　本書では、この3種類を次の文字列で識別します。覚えておくとよいでしょう。

- 最適解あり：OPTIMAL
- 実行不可能：INFEASIBLE
- 非有界：UNBOUNDED

確認問題

本書で扱う結果のステータスを選んでください（1つ選択）

1. 有界
2. 最適解あり
3. 複数解あり
4. 実行制限

確認問題―解答

2

---

1. ×　有界

　本書で扱う結果のステータスではありません。

2. ○　最適解あり

　本書で扱う結果のステータスです。

3. ×　複数解あり

　本書で扱う結果のステータスではありません。

4. ×　実行制限

　本書で扱う結果のステータスではありません。

....

[4] ∞ は、無限大を意味する記号です。本書では非常に大きな値と考えてください。また、$-\infty$（マイナス無限大）は、非常に小さな値と考えてください。

まとめ

- 最適解は1つとは限らない
- 数理モデルを解いた結果の状態を、結果のステータス（あるいは単にステータス）という
- ステータスは、主に最適解あり、実行不可能、非有界の3種類ある

コラム

論文などの数理モデルでは、変数の係数が数値ではなくaなどの文字で表現していることが多いです。この係数は変数のように見えますが、モデル上では定数になります。モデル内で値を変更できるものが変数で、固定であるものが定数です。モデルでは意思決定の対象が変数になります。変数と定数の区別は重要です。aを定数、xとyを変数としたとき、次のようになります。

- a * xは一次式
- x * yは二次式

本書では、一次式だけ扱います。一次式だけでもいろいろな問題解決ができます。また、一次式以外のモデルを扱いたい場合でも、一次式で学んだことはムダにはなりません。

2.6 ソルバーとは

PyQのURL https://pyq.jp/quests/mo_intro_model_06/

　数理モデルから最適解を求める方法を説明します。ここでは難しい話は避けて、簡単な話だけします。

　数理モデルを解く方法には、問題の種類によっていろいろなアルゴリズムがあります。これまで説明した線形最適化問題だと、単体法や内点法がよく使われます。単体法は、原点などの初期解から外側を辿って最適解を見つける方法です。内点法は、初期解から内側を辿っていく方法です（図2.6.1）。

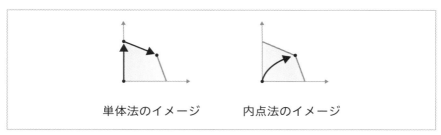

単体法のイメージ　　　内点法のイメージ

図2.6.1：単体法と内点法の探索の仕方

　また、5章「混合整数最適化って何だろう」で説明する混合整数最適化問題（こんごうせいすうさいてきかもんだい）だと分割統治法の一種[5]がよく使われます。分割統治法とは、問題を分割して解いていく方法です。

　これらのアルゴリズムを実装したソフトウェアをソルバーといいます。ソルバーは、無料のものや有料のものがあります。

　ソルバーごとに、解ける問題の種類が決まっています。線形最適化問題を解くソルバーは線形最適化ソルバーといいます。混合整数最適化問題を解くソルバーは混合整数最適化ソルバーといいます。

　ソルバーは、別のソフトウェア（パッケージ）に組み込んで使うこともあります。たとえば、Microsoft ExcelやGoogle Sheetsでもソルバーが使えます。

---

[5] 分枝限定法といいます。

ソルバーの使い方は、次のようにいろいろあります。

1. 特定のパッケージで実行する
2. 入力ファイルを用意し、コマンドを実行する
3. プログラム言語で関数を呼び出す

　Excelから使うのは1番にあたります。学校で学習するときは2番でやることがあります。本書でおすすめする方法は3番です。具体的には、Pythonで使える数理最適化用のライブラリを利用することで、関数呼び出しによって簡単にソルバーを実行できます。

　関数を通してソルバーを実行すれば、変数から最適解を取得できるようになります。「解を求める」ことから、ソルバーの実行を求解（きゅうかい）ということがあります。

　ただし、ソルバーを実行したからといって必ず解が求まるとは限りません。結果のステータスがOPTIMALのときだけ最適解を取得するようにしましょう[6]。なお、最適解がたくさん存在する場合でも、取得できる最適解はその中の1つだけになります。

確認問題

主なソルバーの使い方を選んでください（2つ選択）
　1. Pythonでソルバーを実行する関数を呼び出す
　2. 入力ファイルを作成してソルバーのコマンドを実行する
　3. 自分でアルゴリズムを実装して実行する
　4. Microsoft Wordから実行する

確認問題—解答

1、2

---

[6] 一般には、ステータスがOPTIMAL以外のときにも実行可能な解が得られることがありますが、本書では扱いません。

1. ○ **Python** でソルバーを実行する関数を呼び出す

   本書では Python からソルバーを実行します。

2. ○ 入力ファイルを作成してソルバーのコマンドを実行する

   本書では行いませんが、ファイルを入力にしてソルバーを実行できます。

3. × 自分でアルゴリズムを実装して実行する

   アルゴリズムはソルバーに実装済みなので、自分で実装せずに実行できます。

4. × **Microsoft Word** から実行する

   Microsoft Word に数理最適化のソルバーはありません[7]。

まとめ

- 数理モデルから最適解を求めるソフトウェアをソルバーという
- 関数呼び出しでソルバーを実行できる
- ステータスが OPTIMAL のときだけ、最適解を取得できる
- 最適解がたくさんあっても、ソルバーで取得できる最適解は 1 つだけである

次からは、数理モデルの具体例を見ていきます。

---

[7] 将来的に、Word にソルバーが搭載されないという意味ではありません。

2.7 数理モデルを作ろう（クッキーとケーキ）

PyQのURL https://pyq.jp/quests/mo_intro_model_07/

例題を使って、問題から数理モデルを作成してみましょう。

練習問題

パーティーでクッキーの生地とケーキの生地が必要になりました。これらの合計を最大にしたいです。

不足気味の材料は、薄力粉とバターです。薄力粉は1200g、バターは900gしかありません。他の材料は十分あります。

生地を作るには次のように材料が必要です。クッキーの生地とケーキの生地を何グラムずつ作ればよいでしょうか？

- クッキーの生地10gに必要な材料：薄力粉3g、バター3g
- ケーキの生地10gに必要な材料：薄力粉4g、バター2g

数理モデルを考えてみよう

数理モデルの構成要素は、変数と目的関数と制約条件でした。それぞれ考えてみましょう。

最初に、変数を考えます。

問題に出てくるのは、クッキーの生地、ケーキの生地、薄力粉、バターです。

材料である薄力粉とバターの量は、すでに決まっているので定数です。今回決めたいのは、クッキーの生地とケーキの生地の作成量です。これが変数になります。クッキーの生地を x グラム、ケーキの生地を y グラムとしましょう。

続いて、目的関数を考えます。

やりたいことは生地の合計の最大化です。したがって、目的関数は「$x + y$」の最大化になります。

最後に制約条件を考えます。

　問題をもう一度読むと不足気味の材料があります。したがって、薄力粉とバターの使用量が制約条件になります。

　また、生地の作成量がマイナスにならないというのも制約条件になります。このマイナスにならないという性質を非負といいます。

　2変数の場合は、実行可能領域を図2.7.1のように図として表現できます。

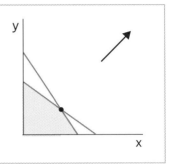

変数：
　・x（クッキーの生地の作成量）
　・y（ケーキの生地の作成量）
目的関数：x + y → 最大化
制約条件：
　・0.3 * x + 0.4 * y <= 1200（薄力粉の使用量）
　・0.3 * x + 0.2 * y <= 900（バターの使用量）
　・x >= 0
　・y >= 0

図2.7.1：モデルと実行可能領域

　図の変数の単位はグラムにしています。問題では必要な材料が10gあたりでしたが、制約条件の係数は1gあたりになっています。

　たとえば、10gあたり3gの場合は、1gあたり0.3gになります。

　クッキーの生地の作成量xはグラムなので、これに0.3を掛けた0.3 * xが「クッキーの生地に必要な薄力粉の使用量」になります。ケーキと合わせると0.3 * x + 0.4 * yが薄力粉の使用量の合計です。

注意点

単位には注意しないといけません。
基本的に、変数や定数の単位は揃えましょう。揃っていないとミスしやすくなります。
たとえば、変数xとyの単位を10gとすると、解は200と150になります。これをグラムにすると、2000と1500ですが、10倍しない値をグラムと勘違いしやすくなります。

　作成量のように、0以上になる変数はよく使われます。このような変数を非負変数といいます。また、次のようにモデルで非負変数と書くことで、x >= 0という非負の制約条件は省略できます。

数理モデル（クッキーとケーキの問題）

- 非負変数：
  - x（クッキーの生地の作成量）
  - y（ケーキの生地の作成量）
- 目的関数：x + y（作成量の合計）→ 最大化
- 制約条件：
  - 0.3 * x + 0.4 * y <= 1200（薄力粉の使用量）
  - 0.3 * x + 0.2 * y <= 900（バターの使用量）

確認問題

0未満の値を取れない変数の呼び方を選んでください（1つ選択）

1. 整数変数
2. 連続変数
3. 実数変数
4. 非負変数

確認問題—解答

4

---

1. ×　整数変数

   整数を取る変数です。5.1節「混合整数最適化とは」で学習します。

2. ×　連続変数

   実数を取る変数です。本章で扱っている変数が連続変数です。

3. ×　実数変数

   実数を取る変数は、一般に連続変数といいます。

4. ○　非負変数

   0未満の値を取れない変数です。

まとめ

- 問題から数理モデルを作るには、変数、目的関数、制約条件を考える
- 作成量のように負にならない変数を非負変数という
- 非負変数の場合、変数のところに非負変数と書くと、非負の制約条件を省略できる

第 3 章

Python で
数理モデルを作ろう

Python で数理モデルを作成できる Python-MIP について、基本的な使い方を学びます。

3.1 Python-MIP とは

PyQのURL https://pyq.jp/quests/mo_intro_python_01/

　ここからは、Pythonを使っていきます。実際にコードを実行することで、問題解決やモデル作成の理解を深められます。環境構築については、0.2節の「使い方（2）ローカルPCのJupyter上で解く」を参照してください。

　本書では**Python-MIP**[1]というライブラリを使います。次のような特徴があります。以降の節で使い方を説明しますが、シンプルなので安心してください。

- 数理モデルを作成するためのライブラリである
- 商用でも無料で利用できる（Common Public License）
- Windows、macOS、Linuxで使える
- pip install mipでインストールできる

Python-MIPで使えるソルバー

　Python-MIPでは、次のソルバーが利用できます。

- **GUROBI**：商用でも利用できる有料の高性能な数理最適化ソルバーです。線形最適化や混合整数最適化[2]を含めていろいろな最適化を解けます。
- **CBC**：商用でも利用できる無料の数理最適化ソルバーです[3]。線形最適化や混合整数最適化を解けます。

---

[1] https://www.python-mip.com/
[2] 混合整数最適化は、5章「混合整数最適化って何だろう」で学習します。
[3] ライセンスは、Eclipse Public License version 2.0です。https://www.coin-or.org/

GUROBIを使用するには、購入して別途インストールする必要があります[4]。

一方、CBCはPython-MIPをインストールすると一緒にインストールされます。そのため、すぐにCBCを使用できます。

本書では、ソルバーとしてCBCを使うことを想定しています[5]。このソルバーは、作成した数理モデルを通して実行できます。

まとめ

- 本書ではPython-MIPを使う
  - Python-MIPを使って、数理モデルを作成できる
  - Python-MIPではGUROBIとCBCを利用できるが、本書ではCBCを想定している
- CBCは、Python-MIPと一緒にインストールされ、線形最適化問題と混合整数最適化問題を解ける
- 数理モデルからソルバーを実行できる

次から、Python-MIPの具体的な使い方を確認します。

---

[4] GUROBIについてさらに知りたい場合は、https://gurobi.com/ や https://octobersky.jp/ を参照してください。

[5] CBC用に記述した数理モデルは、ほぼそのままGUROBI用としても使えます。

3.2 Python-MIPでモデルを作ろう

PyQのURL https://pyq.jp/quests/mo_intro_python_02/

2.7節「数理モデルを作ろう（クッキーとケーキ）」の次のモデルを、Python-MIPで作成してみましょう。

数理モデル（クッキーとケーキの問題）

- 変数：
  - 非負変数x：クッキー生地
  - 非負変数y：ケーキ生地
- 目的関数：x + y → 最大化
- 制約条件：
  - 0.3 * x + 0.4 * y <= 1200
  - 0.3 * x + 0.2 * y <= 900

Python-MIPでモデルを作成する手順は次の通りです[6]。

1. クラスなどのインポート
2. 空のモデルの作成
3. 変数の作成
4. 目的関数の設定
5. 制約条件の追加

クラスなどのインポート

Python-MIPのモジュール名はmipです。以降では、Model、maximizeを使うので、リスト3.2.1のようにインポートします。

---

[6] この手順は線形最適化と混合整数最適化で同じですが、本章と次章では線形最適化のモデルを使って説明します。

リスト3.2.1：クラスなどのインポート

| In |

```
from mip import Model, maximize
```

空のモデルの作成

Pythonで数理モデルを作るには、最初に空のモデルのオブジェクトを作成します。「モデルのオブジェクト」というと長いので、以降では単にモデルということにします。モデルの作成にはModelクラスを使います（リスト3.2.2）。

リスト3.2.2：空のモデルの作成

| In |

```
m = Model()
```

モデルが空なので、変数、目的関数、制約条件はまだありません。モデルを可視化する関数（view_model(m)）[7]でモデルを確認してみましょう（リスト3.2.3）。変数、目的関数、制約条件が「なし」になっています。

リスト3.2.3：モデルの確認

| In |

```
from mip_tool.view import view_model

view_model(m)
```

| Out |

モデル	
変数	なし
目的関数	なし
制約条件	なし

---

[7] Jupyterでview_model(m)を実行すると、表形式で表示されます。pip install mip-toolでインストールして使えます。

変数の作成

変数は、モデルの add_var() メソッドで作成します。第1引数は変数名です。デフォルトだと非負変数になります（リスト3.2.4）。

リスト3.2.4：変数の作成

| In |

```
x = m.add_var("x")
y = m.add_var("y")
```

モデルの中身を確認してみましょう。非負変数が増えました（リスト3.2.5）。

リスト3.2.5：モデルの確認

| In |

```
view_model(m)
```

| Out |

モデル

変数	x :	非負変数
	y :	非負変数
目的関数		なし
制約条件		なし

目的関数の設定

目的関数は、モデルの属性 objective に代入します[8]。最大化の場合は、一次式に maximize() をつけます（リスト3.2.6）。

リスト3.2.6：目的関数の設定

| In |

```
m.objective = maximize(x + y)
```

---

[8] 属性とは、m.objective のようにドットでアクセスできるもので、メソッドも属性の一種です。また、Model のようにモジュールからインポートできるものをモジュールの属性といいます。

確認します（リスト3.2.7）。

リスト3.2.7：モデルの確認

| In |

```
view_model(m)
```

| Out |

モデル

変数	x :　　　　　　　　　　　非負変数
	y :　　　　　　　　　　　非負変数
目的関数	x + y → 最大化
制約条件	なし

　最小化したい場合は、一次式に`minimize()`をつけます。また、目的関数がない場合は、`m.objective`への代入文は不要です。

制約条件の追加

　制約条件は、モデルに`+=`で追加します。慣れないと奇妙に見えますが、覚えてしまいましょう[9]。Pythonでの制約条件は、数式と同じように「一次式 `<=` 一次式」と記述できます（リスト3.2.8）。

リスト3.2.8：制約条件の追加

| In |

```
m += 0.3 * x + 0.4 * y <= 1200
m += 0.3 * x + 0.2 * y <= 900
```

　見てみます（リスト3.2.9）。

---

[9] `+=`の代わりにメソッドも使えます。詳しくは3.6節 演習「文章問題の練習」のコラムを参照してください。

リスト3.2.9：モデルの確認

| In |

```
view_model(m)
```

| Out |

モデル

変数	x：	非負変数
	y：	非負変数
目的関数		x + y → 最大化
制約条件		$0.3x + 0.4y \leqq 1200.0$
		$0.3x + 0.2y \leqq 900.0$

なお、目的関数の設定と制約条件の追加の順番は逆でも構いません。

まとめて書くと図3.2.1のようになります。数理モデルとコードの対応を確認してみてください。簡単な数式だと、ほぼ同じになります。

```
変数：
・非負変数 x：クッキー生地(g)
・非負変数 y：ケーキ生地(g)
目的関数： x + y → 最大化
制約条件：
・0.3 * x + 0.4 * y <= 1200
・0.3 * x + 0.2 * y <= 900
```

```
from mip import Model, maximize
m = Model()
x = m.add_var("x")
y = m.add_var("y")
m.objective = maximize(x + y)
m += 0.3 * x + 0.4 * y <= 1200
m += 0.3 * x + 0.2 * y <= 900
```

図3.2.1：数理モデルとPythonのコード

本節で作成した変数xとyは、Python-MIPの **Var** というクラスのオブジェクトです。このオブジェクトは、実数の入ったPythonの変数のように数式を記述できます。たとえば、x + yのような数式です。この数式は、Python-MIPの **LinExpr** というクラスのオブジェクトになります。**LinExpr** は「linear expression（一次式）」を意味します。目的関数や制約条件には、この一次式を使います。

Python-MIPで使える数式は一次式だけです。x * yという数式は一次式ではなく二次式なので、実行すると TypeError になります。

　また、モデルに追加された制約条件は、`Constr`というクラスのオブジェクトになります。

　これらのクラスの詳細については、6章「Python-MIPのクラス」で改めて学習します。

まとめ

- 数理モデルの作成：`m = Model()`
- 変数の作成：`変数 = m.add_var(変数名)`
- 目的関数の設定（最大化）：`m.objective = maximize(目的関数)`
- 制約条件の追加：`m += 制約条件`

3.3 コードの添削

PyQのURL https://pyq.jp/quests/mo_intro_python_03/

　数理モデルのコードの書き方を間違えた場合、エラーにならずに答えが出ないことがあります。このようなとき、何をどう直せばいいのかわかりにくいです。スムーズに学習するためには、最初に正しい書き方を身につけるとよいでしょう。ここでは、間違ったコードの書き方を直すことで、正しい書き方の練習をします。

　練習用に次の数理モデルを使います。このように変数／目的関数／制約条件を数式で書いたものを定式化（ていしきか）ということがあります。定式化という言葉は、数理モデルと同じように使われますが「式として表現した」という意味合いがあります。

数理モデル

- 非負変数：x、y
- 目的関数：2 * x + y → 最大化
- 制約条件：
  - x + y <= 2
  - x <= y

　この定式化から次のPythonのコードを作成しました。

🔆 最初のコード

```
m = Model()
x = add_var("x")
y = add_var("y")
objective = 2 * x + y
x + y <= 2
x <= y
```

　このコードは、一見正しいようですが、おかしなところがあります。順番に確認していきましょう。

　最初のm = Model()は、○Kです。毎回同じ書き方なのでこのまま覚えましょう。

　次のx = add_var("x")は、add_var()という関数が存在しないのでエラーになります。正しくはx = m.add_var("x")です。yも同じです。

　変数はモデルに追加するので、mのメソッドを使います。

　ここで、インポートを追加したリスト3.3.1を実行し、可視化して見てみましょう。

リスト3.3.1：途中のコード

```
In
```
```
from mip import Model, maximize
from mip_tool.view import view_model


m = Model()
x = m.add_var("x")
y = m.add_var("y")
objective = 2 * x + y
x + y <= 2
x <= y


view_model(m)
```

```
Out
```

	モデル	
変数	x :	非負変数
	y :	非負変数
目的関数		なし
制約条件		なし

　目的関数が「なし」になっています。

objective = 2 * x + yとしていますが、モデルの目的関数はm.objectiveにしないといけません。

リスト3.3.2を実行して確認してみましょう。

リスト3.3.2：修正途中のコード

| In |

```
m.objective = 2 * x + y


view_model(m)
```

| Out |

モデル

変数	x :	非負変数
	y :	非負変数
目的関数	2.0x + y → 最小化	
制約条件	なし	

定式化の目的関数は最大化でしたが、可視化では最小化になっています。これは、デフォルトが最小化のためです。

どちらかわかりやすくさせるために、目的関数の設定でmaximizeかminimizeを書くようにしましょう。

リスト3.3.3を実行して確認します。

リスト3.3.3：目的関数を直したコード

| In |

```
m.objective = maximize(2 * x + y)


view_model(m)
```

| Out |

モデル

変数	x:	非負変数
	y:	非負変数
目的関数		2.0x + y → 最大化
制約条件		なし

　制約条件が「なし」になっています。リスト3.3.1のようにx + y <= 2と書くのではなく、リスト3.3.4のように書きます。x + y <= 2は、制約条件を作成しただけです。モデルに制約条件を追加するには、m += 制約条件としましょう。

リスト3.3.4：制約条件を直したコード

| In |

```
m += x + y <= 2
m += x <= y


view_model(m)
```

| Out |

モデル

変数	x:	非負変数
	y:	非負変数
目的関数		2.0x + y → 最大化
制約条件		x + y ≦ 2.0
		x - y ≦ - 0.0

　モデルが完成しました。view_model()では、x <= yがx - y　≦ - 0.0になっていますが、同じ意味です[10]。
　間違ったコードを添削しました。細かく可視化することで、一歩ずつ確認できました。完成コードは、リスト3.3.5になります。

---

[10] - 0.0は見慣れない表現ですが、基本的に0.0と同じです。

リスト3.3.5：完成コード

| In |

```python
from mip import Model, maximize
from mip_tool.view import view_model


m = Model()
x = m.add_var("x")
y = m.add_var("y")
m.objective = maximize(2 * x + y)
m += x + y <= 2
m += x <= y


view_model(m)
```

| Out |

モデル

変数	x :	非負変数
	y :	非負変数
目的関数	$2.0x + y \to$ 最大化	
制約条件	$x + y \leqq 2.0$	
	$x - y \leqq -0.0$	

まとめ

- モデルは、m = Model()と書く
- 変数はモデルに追加するのでm.add_var()を使う
- 目的関数はモデルに設定するのでm.objectiveを使い、最大化か最小化を指定した一次式を代入する
- 制約条件はモデルに追加するのでm += 制約条件を使う

コラム

本書では、数理モデルの変数名を`m`としています。1文字ではわかりにくいと思われる場合、実務では他の変数名を使っても構いません。たとえば、`mdl`や`model`などが考えられます。

数理モデル作成時に、**構文3.3.1**のように名前や目的関数の方向（最小化／最大化）を指定できます。

構文3.3.1：モデルの作成

```
m = Model(名前, 目的関数の方向)
```

名前を参照する機会はあまりないので、名前は書かなくても大丈夫です。モデルの説明が必要ならコメントを書けばよいでしょう。

目的関数の方向には`"MIN"`や`"MAX"`を書けますが、モデル作成時には書かない方がよいです。理由は、目的関数を確認する場所が増えてわかりにくくなるからです。

目的関数の方向は、`m.objective = maximize(一次式)`のように目的関数の設定で書きましょう。そうすれば、この1箇所を確認するだけで、目的関数を把握できます。

なお、設定した目的関数の方向は、`m.sense`で確認できます。最小化が`"MIN"`で、最大化が`"MAX"`です。

3.4 Python-MIPで解を求めよう

PyQのURL https://pyq.jp/quests/mo_intro_python_04/

最初にソルバーの指定方法について補足してから、ソルバーの実行と結果の取得について説明します。

ソルバーの指定方法について

空モデル作成時に、構文3.4.1のようにソルバーを指定できます。solver_nameには、"GUROBI"か"CBC"を指定します。

構文3.4.1：ソルバーを指定してモデル作成

```
m = Model(solver_name=ソルバー名)
```

前節までのように、空モデル作成時にソルバーを指定しないと次のようになります。

- GUROBIがインストールされているとき
  - GUROBIが指定されたとみなされる
- GUROBIがインストールされていないとき
  - CBCが指定されたとみなされる
  - GUROBIのための不要な準備で、時間がかかる場合がある

空モデル作成時に時間がかかる場合は、次のように最初からCBCを指定しましょう。このようにすると、GUROBIの準備をしないため時間がかかりません。

空モデル作成時に時間がかからない書き方

```
m = Model(solver_name="CBC")
```

　ただし、本書ではモデル作成の記述を簡潔にするため solver_name は省略します。

　このようにして指定されたソルバーは、Solver クラスの派生クラスのオブジェクトとして作成されます。このソルバーの取得方法については、6.6節「その他のクラスと関連」で学習します。

モデルの作成

　以降で使うために、3.2節「Python-MIPでモデルを作ろう」のモデルを作成します（リスト3.4.1）。

リスト3.4.1：クッキーとケーキのモデルの作成（再掲）

```
In

from mip import Model, maximize

m = Model()
x = m.add_var("x")
y = m.add_var("y")
m.objective = maximize(x + y)
m += 0.3 * x + 0.4 * y <= 1200
m += 0.3 * x + 0.2 * y <= 900
```

ソルバーの実行と結果の取得

　ソルバーを実行するには、モデルの optimize() メソッドを使います。この戻り値は実行した結果のステータスです。

　結果のステータスはモデルの属性 status でも確認できます。たとえば、最適解が求められたかどうかは、m.status.value == 0 で判断できます。

　変数や一次式の値は、属性 x で取得できます。変数 x の値は x.x になります。また、目的関数の値は m.objective_value になります。

　まとめるとリスト3.4.2のようになります。

リスト3.4.2：求解と結果表示

| In |

```
m.optimize()
if m.status.value == 0:
    print(x.x, y.x, m.objective_value)
```

| Out |

```
（ソルバーの実行ログ）
1999.9999999999995 1500.0000000000005 3500.0
```

　求解するとソルバーのログが出ますが、求解前に m.verbose = 0 とすればログが出ません[11]。

　正しい最適解は、図3.4.1の連立方程式を解いた2000と1500です。しかし、実行結果はわずかに異なる値になっています。

$$
\begin{array}{l}
0.3x + 0.4y = 1200 \\
0.3x + 0.2y = 900
\end{array}
\xrightarrow{\text{連立方程式を解く}}
x = 2000, y = 1500
$$

図3.4.1：最適解を求めるための連立方程式

　値が少し違うのは、計算誤差のためです。こういう場合は、適当なところで丸めましょう。たとえば、小数点以下8桁で丸めるには、round(x.x, 8) のようにします。まとめると、リスト3.4.3のようになります。

リスト3.4.3：最適解の結果を丸めて表示

| In |

```
m.verbose = 0
m.optimize()
if m.status.value == 0:
    print(round(x.x, 8), round(y.x, 8), m.objective_value)
```

---

[11] 本書では基本的にソルバーのログを表示しないことにします。

```
| Out |
2000.0 1500.0 3500.0
```

xが2000、yが1500です。2.7節「数理モデルを作ろう（クッキーとケーキ）」の最適解は次のようになります。

- クッキーの生地の作成量が2000g
- ケーキの生地の作成量が1500g

また、目的関数の値が3500です。目的関数は x + y だったので、2000 + 1500 = 3500 となり、あっていますね。

まとめ

- ソルバーは、モデル作成時に指定できる
- ソルバーの実行ログを出さないようにするには、m.verbose = 0とする
- ソルバーで求解するには、m.optimize()とする
- 最適解が得られたかの確認は、m.status.value == 0を使う
- 変数.xで変数の値を取得できる
- m.objective_valueで目的関数の値を取得できる

コラム

実行結果のステータスは、モデルのステータス（m.status）で取得できます。最適解が得られたかどうかは、**構文3.4.2**のように判定できます。

構文3.4.2：最適解かどうかの判定

```
from mip import OptimizationStatus
m.status == OptimizationStatus.OPTIMAL


または


m.status.value == 0
```

Python-MIPに慣れていない場合は前者の方がわかりやすいです。しかし、本書ではこの判定をよく使うので、シンプルに後者で書くことにします。

3.5 演習 Python-MIP の練習

PyQのURL https://pyq.jp/quests/mo_intro_python_05/

Python-MIPで解を求める手順は、次のようになります。

1. クラスなどのインポート
2. 空のモデルの作成
3. 変数の作成
4. 目的関数の設定
5. 制約条件の追加
6. ソルバーの実行
7. 解の確認

演習として次の問題でPython-MIPの書き方を確認してみましょう。

問題

次の数理モデルを作成し、解を求め、x、y、zの値を出力してください。

数理モデル

- 非負変数：x、y、z
- 目的関数：2 * x + y - z → 最大化
- 制約条件：
  - x + y - z <= 1
  - x + z <= 2
  - x <= y

期待する結果

```
1.0 1.0 1.0
```

- `mip`モジュールの`Model`と`maximize`を使います。
- 変数は、モデル`.add_var(`変数名`)`で作成します。
- 目的関数は、モデル`.objective`に代入します。
- 制約条件は、モデル `+=` 制約条件で追加します。
- ソルバーの実行は、モデル`.optimize()`とします。
- 最適解が得られたかどうかは、モデル`.status.value == 0`で判断します。
- 変数の値は、変数`.x`で取得します。

本節は、演習の節です。解答を見る前に自分でコードを考えてみてください。

解答

リスト3.5.1：解答

```
In
```

```python
# クラスなどのインポート
from mip import Model, maximize
# 空のモデルの作成
m = Model()
# 変数の作成
x = m.add_var("x")
y = m.add_var("y")
z = m.add_var("z")
# 目的関数の設定
m.objective = maximize(2 * x + y - z)
# 制約条件の追加
m += x + y - z <= 1
m += x + z <= 2
m += x <= y
# ソルバーの実行
m.verbose = 0
m.optimize()
```

```
# 解の確認
if m.status.value == 0:
    print(x.x, y.x, z.x)
```

| Out |

```
1.0 1.0 1.0
```

解説

最適解は、3つの変数の値が全部1になります。

解を求める手順に沿って確認していきましょう。

◌ クラスなどのインポート

mipモジュールから使用する属性をインポートしましょう。ここではModel
クラスとmaximize関数を使います（リスト3.5.2）。

リスト3.5.2：クラスなどのインポート

| In |

```
from mip import Model, maximize
```

◌ 空のモデルの作成

最初に空のモデルを作ります。シンプルなので、このまま覚えてしまいま
しょう（リスト3.5.3）。

リスト3.5.3：空のモデルの作成

| In |

```
m = Model()
```

◌ 変数の作成

モデルで使う変数は、構文3.5.1で作成します。

構文 3.5.1：変数の作成

```
m.add_var(変数名)
```

　3つ作成するには、リスト3.5.4のように書きます。

リスト 3.5.4：3つの変数の作成

```
In
x = m.add_var("x")
y = m.add_var("y")
z = m.add_var("z")
```

目的関数の設定

　目的関数は、構文3.5.2で設定します。

構文 3.5.2：目的関数の設定

```
m.objective = maximize(一次式)
```

　または

```
m.objective = minimize(一次式)
```

　最大化する場合は、リスト3.5.5のように書きます。

リスト 3.5.5：最大化する一次式の設定

```
In
m.objective = maximize(2 * x + y - z)
```

制約条件の追加

　制約条件は、構文3.5.3で追加します。<=（以下）の代わりに、>=（以上）や
==（等しい）も使えます。

構文3.5.3：制約条件の追加

```
m += 一次式 <= 一次式
```

3つ追加するには、リスト3.5.6のように書きます。

リスト3.5.6：3つの制約条件の追加

| In |

```
m += x + y - z <= 1
m += x + z <= 2
m += x <= y
```

定式化の制約条件と同じように一次式を記述できます。

ソルバーの実行

ソルバーのログを表示しないで実行するには、リスト3.5.7のように書きます。

リスト3.5.7：ソルバーの実行

| In |

```
m.verbose = 0
m.optimize()
```

解の確認

変数の値は、**変数.x**のように取得します。

ただし、取得する前にステータスの値が0であることを確認しましょう（リスト3.5.8）。最適解が得られているとき、ステータスの値が0になります。最適解が得られていないときの変数の値は、正しくないので注意が必要です。

リスト3.5.8：解の確認

| In |

```
if m.status.value == 0:
    print(x.x, y.x, z.x)
```

なお、目的関数の値は m.objective_value で取得します。

3.6 演習 … 文章問題の練習

PyQのURL https://pyq.jp/quests/mo_intro_python_06/

文章問題を解いてみましょう。鶴亀算という問題です。

> **問題**
>
> 鶴と亀が合わせて5匹います。足の数の合計は14本でした。鶴と亀は、それぞれ何匹いるでしょうか?

期待する結果

```
3.0 2.0
```

> **ヒント**
> - 鶴と亀の足の数は、それぞれ2本と4本です。
> - 目的関数がない場合は、目的関数を指定する必要はありません。

解答

リスト3.6.1:解答

| In |

```
from mip import Model
m = Model()
x = m.add_var("x")  # 鶴の匹数
y = m.add_var("y")  # 亀の匹数
m += x + y == 5  # 合わせて5匹
```

```
m += 2 * x + 4 * y == 14   # 足の数の合計は14本
m.verbose = 0
m.optimize()
if m.status.value == 0:
    print(x.x, y.x)
```

| Out |

```
3.0 2.0
```

解説

　鶴亀算は、連立方程式で解ける問題です。このような連立方程式の問題も数理最適化で解けます。

　定式化を見てみましょう。

数理モデル（鶴亀算）

- 非負変数：x、y（鶴と亀の匹数）
- 目的関数：なし
- 制約条件：
  - x + y == 5
  - 2 * x + 4 * y == 14

　連立方程式を解くポイントは、次の2つです。

- 目的関数がないので、m.objectiveへの代入を省略する
- 制約条件では、==を使う

　最適化では、すべての制約条件を満たした値が解になります。

　したがって、制約条件がすべて等号の場合、連立方程式の解が最適化の解になります。

　今回の答えは、鶴が3羽、亀が2匹になります。

本書では、目的関数の設定と制約条件の追加を**構文 3.6.1**のように行います。

構文 3.6.1：目的関数の設定と制約条件の追加

```
# 目的関数の設定
m.objective = 目的関数
# 制約条件の追加
m += 制約条件
```

これらは、**構文 3.6.2**のようにメソッドを使っても書けます。

構文 3.6.2：目的関数の設定と制約条件の追加の別の書き方

```
# 目的関数の設定
m.solver.set_objective(目的関数)
# 制約条件の追加
m.add_constr(制約条件)
```

実務で書く場合は、好みで選ぶとよいでしょう。

第 4 章

たくさんの変数はベクトルで

変数ベクトルを使って、モデルをシンプルに記述する
方法について学びます。

4.1 ベクトルを使ってみよう

PyQのURL https://pyq.jp/quests/mo_intro_vector_01/

　実務ではモデルの変数が数万以上になることもあります。このような多数の変数を、Pythonではリストで扱えます。しかし、本書では「変数のリスト」ではなく「変数の**多次元配列（たじげんはいれつ）**」を使います。理由は、多次元配列を使うとモデルをシンプルに効率よく記述できるからです。

　本章では、多次元配列について説明します。多次元配列はNumPyのデータ構造で、1次元配列や2次元配列や3次元配列などの総称です（図4.1.1）。

1次元配列　　　　2次元配列　　　　3次元配列

図4.1.1：多次元配列のイメージ

　NumPyは、数値計算を高速に行うためのライブラリです。ここでは次のことを学習します。

- 1次元配列はリストのようなもので、ベクトルともいう
- 2次元配列は表のようなもので、行列ともいう
- 多次元配列の要素に、数値や変数、一次式を持てる
- リストからベクトルを作成できる
- 「ベクトルと数値」を掛けたり足したりすると、要素ごとに演算する
- 「ベクトルとベクトル（あるいはリスト）」を掛けたり足したりしても、要素ごとに演算する

新しいことを覚えるのは大変ですが、多次元配列を使うことで数理モデルをすっきり書けるようになります。

具体的に使ってみるのがわかりやすいでしょう。

NumPyを使うには、リスト4.1.1のようにインポートして、npを使います。

リスト4.1.1：NumPyのインポート

```
In
import numpy as np
```

「ベクトルと数値」の掛け算や足し算

多次元配列としてのベクトルは、np.array(リストなど)で作成できます。早速、ベクトルと数値の掛け算や足し算の例を見てみましょう（リスト4.1.2）。

リスト4.1.2：ベクトルと数値の掛け算や足し算

```
In
v = np.array([3, 4])
print(f"{v * 2 = }")
print(f"{v + 1 = }")
```

```
Out
v * 2 = array([6, 8])
v + 1 = array([4, 5])
```

v = np.array([3, 4])とすることで、要素が3と4のベクトルvを作成しました。

v * 2は各要素を2倍にするので、[6, 8]になります[1]。

v + 1は各要素に1を足すので、[4, 5]になります。

print()で使っているf"{式 = }"は式 = 式の値となる文字列です。f-stringといいます。

「ベクトルと数値」の掛け算と足し算は、項を逆にした「数値とベクトル」の

[1] 本書では、ベクトルの出力array([6, 8])をリスト[6, 8]のように簡易的に記述することがあります。数学ではベクトルを丸括弧で表しますが、Pythonのタプルと紛らわしいため角括弧を採用しています。

掛け算と足し算と同じ結果になります。たとえば、v * 2と2 * vは同じで、v + 1と1 + vも同じです。

また、引き算や割り算も同様に計算できますが、v - 1と1 - vは異なり、v / 2と2 / vも異なります[2]。

「ベクトルとリスト」の掛け算や足し算

ベクトルに「同じ長さのベクトルやリスト」を掛けたり足したりできます。結果は、要素ごとに掛けたり足したりされます。ここではベクトルとリストで確認します（リスト4.1.3）。

リスト4.1.3：ベクトルとリストの掛け算や足し算

| In |

```
print(f"{v * [3, 2] = }")
print(f"{v + [1, 2] = }")
```

| Out |

```
v * [3, 2] = array([9, 8])
v + [1, 2] = array([4, 6])
```

v * [3, 2]は[3 * 3, 4 * 2]で、[9, 8]になります。
v + [1, 2]は[3 + 1, 4 + 2]で、[4, 6]になります。

まとめ

- NumPyの多次元配列には、1次元配列や2次元配列などがある
- 多次元配列の要素に、数値や変数、一次式を持てる
- 1次元配列をベクトルという
- ベクトルは、np.array(リストなど)で作成できる
- 「ベクトルと数値」を掛けたり足したりすると、要素ごとに演算する
- 「ベクトルとベクトル（あるいはリスト）」を掛けたり足したりしても、要素ごとに演算する

---

[2] vが変数のとき、2 / vは一次式ではありません。したがって、本書の扱う数理モデルでは、2 / vのような割り算は使えません。

4.2 変数ベクトルの作成

PyQのURL https://pyq.jp/quests/mo_intro_vector_02/

「Python-MIPの変数」を要素とするベクトル（以降は変数ベクトル）を使ってみましょう。

mをモデルとしたとき、変数ベクトルは構文4.2.1のように作成します。個数は、変数の個数（ベクトルの要素数）です。

構文4.2.1：変数ベクトルの作成

```
m.add_var_tensor((個数,), 変数名)
```

第1引数には、多次元配列の形状（shape）を指定します。変数ベクトルは1次元配列なので、次のように「要素が1つのタプル」を指定します。要素が1つのタプルを記述するには、カンマが必要なことに注意してください。

- 1次元配列の形状：要素が1つのタプル（例：(2,)）←変数ベクトルのとき
- 2次元配列の形状：要素が2つのタプル（例：(4, 7)）
- 3次元配列の形状：要素が3つのタプル（例：(3, 2, 4)）

add_var_tensor()のtensor（テンソル）は、簡単にいうと多次元配列のことです。このメソッド名は「多次元配列（tensor）の変数（variable）をモデルに追加（add）する」ことを意味しています。このあとの節で何度も使うので、名前をしっかり覚えましょう。

要素数が2個の変数ベクトルの具体例は、リスト4.2.1のようになります。

リスト4.2.1：変数ベクトルの作成

| In |

```
from mip import Model

m = Model()
v = m.add_var_tensor((2,), "v")
v
```

| Out |

```
LinExprTensor([<mip.entities.Var object at ..>,
               <mip.entities.Var object at ..>], dtype=object)
```

vの出力から次のことがわかります。

- 変数ベクトルvの型がLinExprTensorであること
- vの要素が2つあり、要素の型がVarであること

LinExprTensorは、要素が「変数や一次式」の多次元配列です [3]。ここでは、次のことだけ覚えれば大丈夫です。

- 変数ベクトルは、LinExprTensorという多次元配列である
- 変数ベクトルの要素は、変数である

> **まとめ**
>
> - 変数ベクトルは、`m.add_var_tensor((個数,), 変数名)` で作成する

---

[3] add_var_tensor()の内部で、NumPyの多次元配列を利用しています。もう少し細かくいうと、LinExprTensorは多次元配列の派生クラスです。派生クラスなので、多次元配列の属性が使えます。なお、以降ではLinExprTensorを使うため、直接NumPyを使う機会は少なくなります。

4.3 要素の型の変換

PyQのURL https://pyq.jp/quests/mo_intro_vector_03/

ベクトルの要素は、文字列化するとわかりやすくなります。ベクトルの要素を文字列化するには、多次元配列のメソッドであるastype(str)を使います（リスト4.3.1）。

リスト4.3.1：変数ベクトルの文字列化

```
In
from mip import Model

m = Model()
v = m.add_var_tensor((2,), "v")
v.astype(str)
```

```
Out
LinExprTensor(['v_0', 'v_1'], dtype='<U3')
```

2つの変数の名前が、v_0とv_1ということがわかります。astype(str)で要素の型を文字列に変換します。

astype(型)には、別の使い方もあります。astype(float, subok=False)とすると、変数ベクトルの値を取得できます（リスト4.3.2）。subok=Falseという引数は、戻り値を多次元配列（numpy.ndarray）にする指定です。

リスト4.3.2：変数ベクトルの値

```
In
v.astype(float, subok=False)
```

```
Out
array([nan, nan])
```

vの要素の変数は、まだ値を持っていないのでnanと表示されます。nanは非数（Not a Number）のことですが、ここでは「値がない」という意味だと思ってください。

注意点

LinExprTensorの要素をfloatに変換した結果は、6.5節「2次元配列の便利機能」で説明する絞り込みで使えます。

ただし、そのためにはastype(float, subok=False)のようにsubok=Falseをつける必要があります。つけなかった場合、戻り値がLinExprTensorになります。Python-MIPでは、LinExprTensorに「>=、<=、==」を使うと、要素が制約条件とみなされます。その結果、絞り込みに使えません。

subok=Falseをつけることで結果がNumPyの多次元配列になり、「>=、<=、==」を使ったときの要素がboolになります。要素がboolになることで、絞り込みで使えるようになります。

仮に変数の値が整数であったとしても、astype(int, subok=False)ではなくastype(float, subok=False)を使ってください。

LinExprTensorにastype(int, subok=False)を使うと、エラーになります（リスト4.3.3）。

リスト4.3.3：エラーになる例

| In |

```
try:
    print(v.astype(int, subok=False))
except TypeError as e:
    print(e)
```

| Out |

```
int() argument must be a string, a bytes-like object or a real number, not 'Var'
```

　astype(float, subok=False)は難しく見えますが、本書でよく使うのでしっかり覚えましょう。

まとめ

変数ベクトルvについて

- 要素をstrに変換：v.astype(str)
  - 名前を確認できる
- 要素をfloatに変換：v.astype(float, subok=False)
  - 値を確認できる
  - subok=Falseをつけることで、絞り込みで使えるようになる

4.4 … 変数ベクトルの合計

PyQのURL https://pyq.jp/quests/mo_intro_vector_04/

変数ベクトルの合計を xsum(変数ベクトル) で計算できます（リスト4.4.1）。
結果は一次式（LinExpr）になります。

リスト4.4.1：変数ベクトルの合計

```
In
from mip import Model, xsum

m = Model()
v = m.add_var_tensor((2,), "v")
xsum(v)
```

```
Out
<mip.entities.LinExpr at ..>
```

このままだと、一次式の内容がわかりません。文字列にすると式で確認できるので、文字列化しましょう（リスト4.4.2）。

リスト4.4.2：一次式の文字列化

```
In
str(xsum(v))
```

```
Out
'+ v_0 + v_1 '
```

xsum(v) は、v[0] + v[1]です。v[0] の名前はv_0なので、+ v_0 + v_1という文字列になります。

組み込み関数のsum()を使っても、xsum()と同じ結果になります（リスト4.4.3）。

リスト4.4.3：sum()の場合

| In |

```
str(sum(v))
```

| Out |

```
'+ v_0 + v_1 '
```

しかし、sum()はムダな計算をするため、要素数が多いと時間がかかります。そのため、変数や式の和を取るときは、sum()ではなくxsum()を使うようにしましょう。

リスト4.4.4のように実行時間を計測すると、sum()はxsum()よりかなり遅いことがわかります[4]。

リスト4.4.4：実行時間計測

| In |

```
v2 = m.add_var_tensor((10000,), "v")

%time xsum(v2)
%time sum(v2)
```

| Out |

```
（出力例）
Wall time: 5 ms
Wall time: 250 ms
```

まとめ

- xsum(変数ベクトル)で、変数ベクトルを合計できる
- sum(変数ベクトル)は、実行が遅いので使用を避ける

[4] コード中の%timeは、Jupyterで実行時間を計測するマジックコマンド（Jupyterで使える便利なコマンドの総称）です。

4.5 ベクトルの内積

PyQのURL https://pyq.jp/quests/mo_intro_vector_05/

数理モデルの目的関数や制約条件では、内積（ないせき）をよく使います。内積というのは、2つのベクトルを要素ごとに掛け算した和です。

ベクトルaとbの内積は、xsum(a * b) と記述します。具体的な内積の計算は、次のようになります。

- ベクトルaを [a_0, a_1] とする
- ベクトルbを [b_0, b_1] とする
- a * bは、要素ごとの掛け算（[a_0 * b_0, a_1 * b_1]）になる
- xsum(a * b) は、要素ごとの掛け算の和（a_0 * b_0 + a_1 * b_1）になる

片方（b）を変数ベクトルにして、確認してみましょう。リスト4.5.1は、わかりやすいように文字列化した例です。

リスト4.5.1：ベクトルの内積

| In |
```
from mip import Model, xsum

m = Model()
a = [3, 4]
b = m.add_var_tensor((2,), "b")
str(xsum(a * b))
```

| Out |
```
'+ 3b_0 + 4b_1 '
```

　xsum(a * b) は、(a[0] * b[0]) + (a[1] * b[1]) と同じ式になります。また、aの要素が数値で、bの要素が変数のとき、それらの内積は一次式です。

　ベクトルの掛け算を使わない場合、内積は次のように書きます[5]。

:::: 内包表記を使った内積

```
xsum(a_i * b_i for a_i, b_i in zip(a, b))
```

　ベクトルの掛け算を使うと、xsum(a * b) とすっきり書けてわかりやすくなります。

　数理モデルでは、目的関数や制約条件の一次式で内積をよく使います。しっかり覚えましょう。

> **まとめ**
>
> ● aとbの内積は、xsum(a * b) と書く

---

[5] zip(a, b) の最初の要素はa[0], b[0]で、次がa[1], b[1]です。以降もa[i], b[i]のように続きます。

4.6 変数ベクトルを使った 数理モデル

PyQのURL https://pyq.jp/quests/mo_intro_vector_06/

ここまでを踏まえて、3.4節「Python-MIPで解を求めよう」のコード（リスト4.6.1）を書き直してみましょう。

リスト4.6.1：変数ベクトルを使わない書き方（再掲）

| In |

```
from mip import Model, maximize

m = Model()
# 変数の作成
x = m.add_var("x")
y = m.add_var("y")
# 目的関数の設定
m.objective = maximize(x + y)
# 制約条件の追加
m += 0.3 * x + 0.4 * y <= 1200
m += 0.3 * x + 0.2 * y <= 900
m.verbose = 0
m.optimize()
if m.status.value == 0:
    # 結果表示
    print(round(x.x, 8), round(y.x, 8), m.objective_value)
```

| Out |

```
2000.0 1500.0 3500.0
```

変数ベクトルを使うとリスト4.6.2のようになります。変数ベクトルの作成、目的関数の設定、制約条件の追加、結果表示が変わっています。

リスト4.6.2：変数ベクトルを使った書き方

| In |

```python
from mip import Model, maximize, xsum


m = Model()
# 変数ベクトルの作成
v = m.add_var_tensor((2,), "v")
# 目的関数の設定
m.objective = maximize(xsum(v))
# 制約条件の追加
m += xsum([0.3, 0.4] * v) <= 1200
m += xsum([0.3, 0.2] * v) <= 900
m.verbose = 0
m.optimize()
if m.status.value == 0:
    # 結果表示
    print(v.astype(float, subok=False), m.objective_value)
```

| Out |

```
[2000. 1500.] 3500.0
```

　リスト4.6.1の変数xとyは非負変数です。同様に、リスト4.6.2の変数ベクトルvの要素も非負変数です。add_var()と同じく、add_var_tensor()は、デフォルトで非負変数を作成します。

　変数ベクトルの便利さについては、以降の章で徐々に学習します。

まとめ

- 変数ベクトルの作成：m.add_var_tensor((個数,), 変数名)
- 変数ベクトルの合計：xsum(変数ベクトル)
- 係数と変数ベクトルの内積：xsum(係数 * 変数ベクトル)
- 変数ベクトルの値の取得：変数ベクトル.astype(float, subok=False)

4.7 演習 変数ベクトルの練習

PyQのURL https://pyq.jp/quests/mo_intro_vector_07/

ここまで学んだ変数ベクトルの使い方を、演習問題を通して振り返りましょう。

問題

次の数理モデルを変数ベクトルを使って解いてみましょう。解が得られたら変数ベクトルの値を出力してください。

数理モデル

- 変数ベクトル（要素は非負変数）：[x_0, x_1, x_2]
- 目的関数：2 * x_0 + x_1 - x_2 → 最大化
- 制約条件：
  - x_0 + x_1 - x_2 <= 1
  - x_0 + x_2 <= 2
  - x_0 <= x_1

期待する結果

[1. 1. 1.]

ヒント

- （要素が非負変数の）変数ベクトルの作成：m.add_var_tensor((個数,), 変数名)
- 係数と変数ベクトルの内積：xsum(係数 * 変数ベクトル)
- 変数ベクトルの値の取得：変数ベクトル.astype(float, subok=False)

解答

リスト4.7.1：解答

| In |

```
from mip import Model, maximize, xsum


m = Model()
x = m.add_var_tensor((3,), "x")
m.objective = maximize(xsum([2, 1, -1] * x))
m += xsum([1, 1, -1] * x) <= 1
m += xsum([1, 0, 1] * x) <= 2
m += xsum([1, -1, 0] * x) <= 0


m.verbose = 0
m.optimize()
if m.status.value == 0:
    print(x.astype(float, subok=False))
```

| Out |

```
[1. 1. 1.]
```

解説

変数ベクトルの作成は、m.add_var_tensor((個数,), 変数名)でした。
[x_0, x_1, x_2]という変数を作る場合、変数名は"x"にします。

変数ベクトルの名前の確認

```
x = m.add_var_tensor((3,), "x")
x.astype(str)
```

式をベクトルで表現する場合、係数を抜き出します。
たとえば、2 * x_0 + x_1 - x_2は、2 * x_0 + 1 * x_1 + -1 * x_2という
一次式を考えます。

この一次式から係数をリストで抜き出して、変数と掛けて xsum() をつけます。

係数のあるベクトルの書き方

```
xsum([2, 1, -1] * x)
```

キャンペーン用URL

PyQ の無料キャンペーン用の URL は以下の通りです。

URL https://pyq.jp/account/join/campaign/?pyq_campaign=
pyq_math_opt

第 **5** 章

混合整数最適化って
何だろう

離散変数を扱える混合整数最適化について、モデルの
作成方法や求解方法を学びます。

5.1 混合整数最適化とは

PyQのURL https://pyq.jp/quests/mo_intro_mip_01/

　ここまでは線形最適化の書き方を学んできました。ここからは混合整数最適化について学びます。

　混合整数最適化を使うことで、いろいろな問題を扱えるようになります。これらの問題を解くことで、数理最適化の醍醐味を体感できるでしょう。

　まずは、線形最適化との違いを見ていきます（表5.1.1）。

表5.1.1：線形最適化と混合整数最適化の比較

	線形最適化	混合整数最適化
使える変数	連続変数だけ	連続変数と離散変数
使える式	一次式だけ	一次式だけ

　線形最適化では連続変数しか使えませんでしたが、混合整数最適化では離散変数も使えます。違いはこれだけです。

　「混合」とは連続変数と離散変数を混ぜて使えることを意味しています。離散変数だけの場合は整数最適化ともいいますが、整数最適化も混合整数最適化の一種なので、まとめて混合整数最適化ということにします[1]。

連続変数、離散変数って何？

　連続変数は、値が実数の変数です。これまで使ってきた変数が連続変数です。

　離散変数は、値が整数の変数です。離散とは「連続でない」や「飛び飛び」を意味します。

----

[1] 線形であることを強調したい場合、混合整数線形最適化ということもあります。

変数の種類が異なる問題の具体例[2]で確認しましょう（図5.1.1）。

線形最適化になる問題	混合整数最適化になる問題
クッキーとケーキの**生地**を作るのに、薄力粉とバターを規定の量使います。薄力粉とバターは限られています。合計重量を最大にするには、**生地を何グラム**作ればよいでしょうか？	クッキーとケーキの**完成品**を作るのに、薄力粉とバターを規定の量使います。薄力粉とバターは限られています。合計重量を最大にするには、**完成品を何個**作ればよいでしょうか？

図5.1.1：変数の種類が異なる問題の具体例

違いは、次の表現だけです。

- 線形最適化：生地、何グラム
- 混合整数最適化：完成品、何個

線形最適化の方の生地の単位はグラムなので、変数の値は実数になります。混合整数最適化の方の完成品の単位は個数なので、変数の値は整数になります。

離散変数の種類

離散変数について説明を続けます。

離散変数は値が整数の変数ですが、整数変数と0-1変数の2種類あります。

整数変数は値が整数になる変数です。0-1変数は値が0か1のどちらかになる変数です[3]。0-1変数はよく使うので、整数変数と区別しています。Python-MIPだと、表5.1.2のように作ります（引数 var_type を指定しないと連続変数です）。

---

[2] 比較しやすいように条件の詳細を省略しています。

[3] 0-1変数は、0または1のどちらかの値しか取れないためバイナリー変数ともいわれます。

表5.1.2：離散変数の作成

変数の種類	コード
整数変数	add_var(変数名, var_type="I")
0-1変数	add_var(変数名, var_type="B")
整数変数ベクトル	add_var_tensor((個数,), 変数名, var_type="I")
0-1変数ベクトル	add_var_tensor((個数,), 変数名, var_type="B")

var_typeに指定する整数変数の「I」や0-1変数の「B」は、それぞれInteger
とBinaryの頭文字です。

整数変数は、個数を表現することが多いです。本書では、非負の個数を表現
していることが自明の場合、「非負の整数変数」の「非負の」を省略して単に
「整数変数」と書くことがあります。

まとめ

- 線形最適化の変数が整数変数や0-1変数に変わると、混合整数最適化になる
- 整数変数は、add_var()やadd_var_tensor()で、var_type="I"と指定する
- 0-1変数は、add_var()やadd_var_tensor()で、var_type="B"と指定する

5.2 混合整数最適化問題の例（クッキーとケーキ）

PyQのURL https://pyq.jp/quests/mo_intro_mip_02/

2.7節「数理モデルを作ろう（クッキーとケーキ）」のクッキーとケーキの問題を、個数で置き換えて考えてみましょう。

練習問題

クッキーとケーキを作るのに、次のように薄力粉とバターを使います。薄力粉は1200g、バターは900gしかありません。クッキーとケーキの合計重量を最大化するには、それぞれ何個作ればよいでしょうか？
- クッキー1個は110gで、1gあたり薄力粉0.3gとバター0.3gが必要
- ケーキ1個は200gで、1gあたり薄力粉0.4gとバター0.2gが必要

このモデルのポイントは次の2つです。

- 変数v（クッキー）とw（ケーキ）は、個数なので整数変数にする
- 目的関数や制約条件の一次式の単位はグラムにし、重さを110 ＊ v（クッキー）と200 ＊ w（ケーキ）にする

2.7節「数理モデルを作ろう（クッキーとケーキ）」では、重さがx（クッキー）とy（ケーキ）で次の通りでした。

- 目的関数：x + y
- 薄力粉の使用量：0.3 ＊ x + 0.4 ＊ y
- バターの使用量：0.3 ＊ x + 0.2 ＊ y

個数で考えた数理モデルに変えるには、次のようにxとyに、110 ＊ vと200 ＊ wを入れます。単位はグラムです。

> **数理モデル（クッキーとケーキの問題 - 個数）**
>
> - 変数：
>   - 整数変数 v：クッキーの個数
>   - 整数変数 w：ケーキの個数
> - 目的関数：110 * v + 200 * w → 最大化
> - 制約条件：
>   - 0.3 * 110 * v + 0.4 * 200 * w <= 1200（薄力粉）
>   - 0.3 * 110 * v + 0.2 * 200 * w <= 900（バター）

コードはリスト 5.2.1 のようになります。

リスト 5.2.1：クッキーとケーキの問題

In

```python
from mip import Model, maximize


m = Model()
# クッキーの個数
v = m.add_var("v", var_type="I")
# ケーキの個数
w = m.add_var("w", var_type="I")
m.objective = maximize(110 * v + 200 * w)
m += 0.3 * 110 * v + 0.4 * 200 * w <= 1200
m += 0.3 * 110 * v + 0.2 * 200 * w <= 900
m.verbose = 0
m.optimize()
if m.status.value == 0:
    print(v.x, w.x)
```

Out

```
20.0 6.0
```

　Python-MIPでは、離散変数を使うと自動的に混合整数最適化モデルと認識します。optimize()で求解するときも、自動的に混合整数最適化のアルゴリズムが使われます。

　さて、線形最適化問題の3.4節「Python-MIPで解を求めよう」では、クッキー2000gとケーキ1500gが最適解でした。個数に換算すると、それぞれ約18.2個と7.5個に相当します[4]。

　今回、変数を整数にしたときの最適解は、クッキー20個とケーキ6個です。このように、混合整数最適化の最適解は、線形最適化のときの実行可能領域の頂点とは限りませんし、四捨五入した値になるとも限りません。

まとめ

- 個数などを表す変数は整数変数にする
- 一次式の中の項目は、グラムなどのように共通の単位にする

コラム

線形最適化では、制約条件の一次式をうまく選んで連立方程式を解くと最適解が得られます。一方で混合整数最適化では、その方法ではうまくいきません。解くためには別のアルゴリズムを使います。
線形最適化と混合整数最適化の解きやすさを比べると、一般に混合整数最適化の方が解きづらいです。ただし、問題によっては混合整数最適化でも簡単に解けることもあります。

---

[4] リスト5.2.1の変数vとwでvar_type="I"をつけないと、約18.2と7.5が出力されます。

5.3 整数変数のベクトル

PyQのURL https://pyq.jp/quests/mo_intro_mip_03/

変数ベクトルに慣れていきましょう。

クッキーとケーキの問題を変数ベクトルを使って解いてみます。

数理モデルは次のようになります。ここでは、内積をxsum(係数ベクトル *
変数ベクトル)と書いています。

数理モデル（クッキーとケーキの問題）

- 変数：
  - 整数変数ベクトルv：クッキーとケーキの個数
- 目的関数：xsum([110, 200] * v) → 最大化
- 制約条件：
  - xsum([0.3 * 110, 0.4 * 200] * v) <= 1200
  - xsum([0.3 * 110, 0.2 * 200] * v) <= 900

コードは**リスト5.3.1**のようになります。

リスト5.3.1：整数変数ベクトル版のクッキーとケーキの問題

| In |

```
from mip import Model, maximize, xsum

m = Model()
v = m.add_var_tensor((2,), "v", var_type="I")
m.objective = maximize(xsum([110, 200] * v))
m += xsum([0.3 * 110, 0.4 * 200] * v) <= 1200
m += xsum([0.3 * 110, 0.2 * 200] * v) <= 900
m.verbose = 0
m.optimize()
```

```
if m.status.value == 0:
    print(v.astype(float, subok=False))
```

| Out |

```
[20.  6.]
```

整数変数ベクトルを使う場合でも、これまでの変数ベクトルの使い方と変わりません。

なお、整数変数であっても、内部では浮動小数点数で計算します。そのため、整数変数ベクトルの値の取得でもこれまで同様、astype(float, subok=False) を使います。astype(int, subok=False) はエラーになるので注意しましょう。

また、ソルバーによっては浮動小数点数の値に計算誤差が含まれることがあります。

たとえば、本来2になるべき値が1.99999999のようになる可能性があります。これを整数に変換すると、切り捨てられて1になります。このように整数に変換したい場合、リスト5.3.2のように一度round()で丸めてからastype(int)で整数に変換した方がよいでしょう。subok=False は一度だけ指定すればよいので、astype(int) に subok=False は不要です。

リスト5.3.2：整数への変換

| In |

```
v.astype(float, subok=False).round().astype(int)
```

| Out |

```
array([20,  6])
```

まとめ

- 整数変数ベクトルは、m.add_var_tensor()で、var_type="I"を指定する
- 要素ごとに係数と整数変数を掛けて和を取るには、xsum(係数ベクトル * 整数変数ベクトル)とする
- 整数変数ベクトルの値の取得は、**整数変数ベクトル**.astype(float, subok=False)とする
  - 整数として取得するには、**整数変数ベクトル**.astype(float, subok=False).round().astype(int)とする

5.4 ··· 0-1 変数ベクトルの例題1

PyQのURL https://pyq.jp/quests/mo_intro_mip_04/

0-1変数を使う練習として簡単な混合整数最適化問題をやってみましょう。

練習問題

大きさの異なる直方体の消しゴムが6個あります。これらを重ならないように一列にペンケースに並べて、長さ方向になるべくぴったり収まるように入れたいです。どの消しゴムを選べばよいでしょうか（**図5.4.1**）。

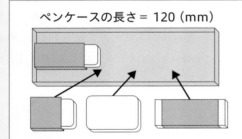

ペンケースの長さ = 120 (mm)

消しゴムの長さ (mm)

No	長さ
0	23
1	17
2	31
3	42
4	35
5	29

図5.4.1：消しゴムとペンケース

やりたいことは、「消しゴムをペンケースになるべくぴったり入れること」です。これは、すき間の最小化をしたいということです。逆にいうと、「ペンケースに入った消しゴムの長さの和を最大化したい」ということになります。

消しゴムを並べる順番は関係ありません。決めたいことは「消しゴムをペンケースに入れるかどうか」だけです。これが変数になります。

このように「入れる／入れない」の2つの値しか取らない対象を変数にするときは、0-1変数を使います。Pythonでは**True**／**False**が**1**／**0**になるので、「…する」を1に、「…しない」を0にするとわかりやすいでしょう。

　守らないといけないことは、「選択した消しゴムの長さの和をペンケースの長さ以下にする」ことです。

　消しゴムの長さをlengthとし、変数ベクトルをxとすると、「選択した消しゴムの長さの和」は2つの内積（xsum(length * x)）で表現できます。未選択の消しゴムの長さに0が掛かって消えて、選択した消しゴムの長さだけが合計されるからです。

　このような「選択した対象の何かの和」を表す計算式は、混合整数最適化でよく出てきます。

　ペンケースの長さをcase_lengthとして、まとめてみます。

数理モデル（消しゴムの問題）

- 0-1変数ベクトル：x（消しゴムを入れるかどうか）
- 目的関数：xsum(length * x) → 最大化
- 制約条件：xsum(length * x) <= case_length

　簡単な式で表現できました。コードを書いてみましょう（リスト5.4.1）。

リスト5.4.1：消しゴムとペンケース

| In |

```
from mip import Model, maximize, xsum

# 各消しゴムの長さ（mm）
length = [23, 17, 31, 42, 35, 29]
# ペンケースの長さ（mm）
case_length = 120

m = Model()
x = m.add_var_tensor((len(length),), "x", var_type="B")
m.objective = maximize(xsum(length * x))
m += xsum(length * x) <= case_length
m.verbose = 0
```

```
m.optimize()
if m.status.value == 0:
    print(f"{m.objective_value = }")
    print(f"{x.astype(float, subok=False) = }")
```

| Out |

```
m.objective_value = 119.0
x.astype(float, subok=False) = array([0., 1., 1., 1., 0., 1.])
```

　ペンケースの長さは120mmです。目的関数の値は119なので、すき間は
1mmになります。

　[0., 1., 1., 1., 0., 1.]は、消しゴムごとの「入れる／入れない」です。
値が1のところの2番目、3番目、4番目、6番目の消しゴムを入れます。これ
らの消しゴムの長さの和は、17 + 31 + 42 + 29で119になります。

まとめ

- 「入れる／入れない」のような2つの値しか取らない変数は、0-1変数を使う
- 0-1変数が1になるものの合計を取るには、xsum(係数 * 変数)を使う

5.5 0-1 変数ベクトルの例題2

PyQのURL https://pyq.jp/quests/mo_intro_mip_05/

0-1変数を使う練習をもう1問やってみましょう。

練習問題

学校で行く遠足で、友達と「おやつの重さ」で勝負することになりました。どのおやつを
買えば、一番重くなるでしょうか？　ただし、同じおやつは1個までで、予算は200円まで
です（**表5.5.1**）。

表5.5.1：おやつの値段と重さ

	0	1	2	3	4
値（円）	100	45	32	68	54
重（g）	98	42	36	60	55

数理モデルを考えてみよう

　モデル作成の練習として、変数、目的関数、制約条件について、式を使わず
文章で考えてみてください。

　考えはまとまったでしょうか？

- 変数は、おやつを買うか買わないかです。これは、0-1変数になります。
- 目的関数は、買ったおやつの重さの和の最大化になります。
- 制約条件は、買ったおやつの値段の和が200円までになります。

定式化とコード

考えた文章のモデルを定式化します。

値段、重さ、予算をそれぞれprice、weight、budgetとすると次のようになります。

数理モデル（おやつの問題）

- 0-1変数ベクトル：x（おやつを買うかどうか）
- 目的関数：xsum(weight * x) → 最大化
- 制約条件：xsum(price * x) <= budget

コードは、リスト5.5.1、リスト5.5.2、リスト5.5.3のようになります。

リスト5.5.1：おやつの問題の入力データ

| In |

```
from mip import Model, maximize, xsum

# おやつの上限
budget = 200
# 各おやつの値段
price = [100, 45, 32, 68, 54]
# 各おやつの重さ
weight = [98, 42, 36, 60, 55]
# おやつの種類数
n = len(price)
```

リスト5.5.2：モデル作成

```
In
```

```python
m = Model()
x = m.add_var_tensor((n,), "x", var_type="B")
m.objective = maximize(xsum(weight * x))
m += xsum(price * x) <= budget
m.verbose = 0
m.optimize()
```

リスト5.5.3：結果表示

```
In
```

```python
if m.status.value == 0:
    print(f"{m.objective_value = }")
    print(f"{x.astype(float, subok=False) = }")
```

```
Out
```

```
m.objective_value = 195.0
x.astype(float, subok=False) = array([1., 1., 0., 0., 1.])
```

おやつの重さの和（目的関数の値）は195gです。

[1., 1., 0., 0., 1.] が、おやつごとの「買う／買わない」です。値が1である1番目、2番目、5番目のおやつを買うと、値段の和は100 + 45 + 54で199円になり、予算の200円以内になっています。

まとめ

- 選択するかしないかは、0-1変数で表せる

5.6 … ナップサック問題

PyQのURL https://pyq.jp/quests/mo_intro_mip_06/

5.4節「0-1変数ベクトルの例題1」と5.5節「0-1変数ベクトルの例題2」のような問題には、**ナップサック問題**という名前がついています。一般には、次のような問題です。シンプルな問題ですがよく使われます。

⁂ ナップサック問題

N種類のアイテムからいくつかを袋（ナップサック）に入れる。

このとき、選んだ価値の和を最大化したい。

入れられる重さの和には重量制限がある。

ナップサック問題の数理モデルは次のようになります。

数理モデル（ナップサック問題）

- 離散変数ベクトル：x
- 目的関数：xsum(価値 * x) → 最大化
- 制約条件：xsum(重さ * x) <= 上限重量

1種類のアイテムから1つしか選べないときは0-1変数を使い、いくつでも選べるときは整数変数を使います。

5.5節「0-1変数ベクトルの例題2」のおやつを買う問題は0-1変数でした。しかし、1種類のおやつは何個でも買えるので整数変数にもできます。ここでは、整数変数で書き換えて考えてみましょう。

数理モデル（おやつの問題 - 整数変数）

- 整数変数ベクトル：x（各おやつを何個買うか）
- 目的関数：xsum(weight * x) → 最大化
- 制約条件：xsum(price * x) <= budget

コードは、リスト5.6.1、リスト5.6.2、リスト5.6.3のようになります。

リスト5.6.1：ナップサック問題の入力データ

In

```
from mip import Model, maximize, xsum

# おやつの上限
budget = 200
# 各おやつの値段
price = [100, 45, 32, 68, 54]
# 各おやつの重さ
weight = [98, 42, 36, 60, 55]
# おやつの種類数
n = len(price)
```

リスト5.6.2：モデル作成

In

```
m = Model()
# 整数変数ベクトルの作成（"I"を指定）
x = m.add_var_tensor((n,), "x", var_type="I")
m.objective = maximize(xsum(weight * x))
m += xsum(price * x) <= budget
m.verbose = 0
m.optimize()
```

リスト5.6.3：結果表示

| In |

```
if m.status.value == 0:
    print(f"{m.objective_value = }")
    print(f"{x.astype(float, subok=False) = }")
```

| Out |

```
m.objective_value = 216.0
x.astype(float, subok=False) = array([0., 0., 6., 0., 0.])
```

　離散変数作成の違いは、構文5.6.1のように "B" を "I" に1文字直すだけです。

構文5.6.1：離散変数作成の違い

```
# 1つしか選べないとき
add_var_tensor((個数,), 変数名, var_type="B")
# いくつでも選べるとき
add_var_tensor((個数,), 変数名, var_type="I")
```

　結果は [0., 0., 6., 0., 0.] なので、3番目のおやつを6個買うことになりました。

　また、0-1変数から整数変数に変えたことで、目的関数の値は195から216に増えました。

　このように、制約を緩めると最適解は変わらないか、あるいはよくなります。今回は「0または1」から「0以上の整数」に変えたので、制約は緩くなっています。ちなみに、実務に現れるナップサック問題では、0-1変数を使うことの方が多いです。

まとめ

- シンプルな混合整数最適化問題としてナップサック問題があり、よく使われる
  - 離散変数ベクトル：x
  - 目的関数：xsum(価値 * x) → 最大化
  - 制約条件：xsum(重さ * x) <= 上限重量

5.7 演習 テーマパークの アトラクション

PyQのURL https://pyq.jp/quests/mo_intro_mip_07/

　ここまで学んだ混合整数最適化の解き方を、演習問題を通して振り返りましょう。

問題

テーマパークのアトラクションのいくつかを3時間以内に回る予定です。アトラクションには滞在時間と満足度があります（**表5.7.1**）。満足度の合計を最大化して、選択したアトラクションと満足度合計と滞在時間合計を出力してください。

表5.7.1：アトラクションごとの滞在時間と満足度

names	ボート	カップ	観覧車	おばけ	迷路
times	55	62	83	42	73
scores	58	67	90	45	69

- namesとtimesとscoresが、それぞれアトラクションごとの名前と滞在時間（分）と満足度です。

期待する結果

```
選択したアトラクション
    ボート  score=58 time=55
    観覧車  score=90 time=83
    おばけ  score=45 time=42
満足度合計 193.0
滞在時間合計 180.0
```

- 目的関数は、選択したアトラクションの満足度の合計
- 制約条件は、選択したアトラクションの滞在時間の合計が180分以内
- 係数と変数ベクトルの内積は、xsum（係数 ＊ 変数ベクトル）

解答

リスト5.7.1：解答

| In |

```python
from mip import Model, maximize, xsum


names = ["ボート", "カップ", "観覧車", "おばけ", "迷路"]
times = [55, 62, 83, 42, 73]
scores = [58, 67, 90, 45, 69]

m = Model()
# 変数（アトラクションごとに選ぶかどうか）
x = m.add_var_tensor((5,), "x", var_type="B")
# 目的関数（満足度合計の最大化）
m.objective = maximize(xsum(scores * x))
# 制約条件（滞在時間が3時間以内）
m += xsum(times * x) <= 180
m.verbose = 0
m.optimize()

# 結果表示
if m.status.value == 0:
    v = x.astype(float, subok=False)  # 結果
    print("選択したアトラクション")
    for name, score, time, v_i in zip(names, scores, times, v):
```

```
        if v_i > 0.5:  # 計算誤差を考慮して0.5とする
            print(f"  {name} {score=} {time=}")
    print("満足度合計", m.objective_value)
    print("滞在時間合計", sum(times * v))
```

| Out |

```
選択したアトラクション
  ボート score=58 time=55
  観覧車 score=90 time=83
  おばけ score=45 time=42
満足度合計 193.0
滞在時間合計 180.0
```

解説

この問題は、ナップサック問題です。「式を使わない文章によるモデル」は次のようになります。

数理モデル（アトラクションの問題）

- 0-1変数：アトラクションごとに選ぶかどうか
- 目的関数：選択したアトラクションの満足度の合計 → 最大化
- 制約条件：選択したアトラクションの滞在時間の合計が180分以内

「アトラクションを選ぶかどうか」は、変数ベクトル x に 0 または 1 として入っています。

「選択したアトラクションの満足度の合計」は、満足度とこの変数ベクトルの内積で計算できることを思い出しましょう。

この内積の式は、xsum(scores * x) です。目的関数は最大化するので、次のように設定します。

目的関数の設定

```
m.objective = maximize(xsum(scores * x))
```

　同様に「選択したアトラクションの滞在時間の合計」は、滞在時間と変数ベクトルの内積です。単位は分なので3時間を180分にして、次のように制約条件を追加します。

制約条件の追加

```
m += xsum(times * x) <= 180
```

　0-1変数の結果が1かどうかは、次のように判定します。

0-1変数の結果が1かどうかの判定

```
if v_i > 0.5:
```

　`v_i == 1`ではなく`v_i > 0.5`とするのは、計算誤差を考慮しているからです。

　5.3節「整数変数のベクトル」で触れたように、変数の値に計算誤差が含まれることがあります。たとえば、値が0.99999999の場合、`v_i == 1`では正しく判定できません。そのため、本書では、1かどうかを「0.5より大きいかどうか」で判定しています。

第 **6** 章

Python-MIP のクラス

Python-MIP の主なクラスと属性について学び、本章
以降で必要となる機能の使い方を習得します。

6.1 Model と Var と Constr （全変数と全制約条件）

PyQ の URL　https://pyq.jp/quests/mo_intro_class_01/

　本章では、3章「Python で数理モデルを作ろう」で学んだ次の Python-MIP のクラスと属性について深掘りし、本書の応用編で必要になる知識について学びます。

- Model：数理モデル
- Var：変数
- Constr：制約条件
- LinExpr：一次式
- LinExprTensor：要素が一次式の多次元配列
- Solver：ソルバー
- OptimizationStatus：結果のステータス

　本節では、Model と Var と Constr について確認しましょう。
　Model クラスのオブジェクト m は、全変数と全制約条件を属性として持っています。

- 全変数：m.vars
- 全制約条件：m.constrs

　m.vars の型は VarList クラスで、要素の型は Var クラスです。
　m.constrs の型は ConstrList クラスで、要素の型は Constr クラスです。
　本書では、VarList は Var のリストのようなもの、ConstrList は Constr のリストのようなものとだけ覚えれば大丈夫です。たとえば、最初の変数はリストのように m.vars[0] として、最後の制約条件は m.constrs[-1] として取得できます。

VarとConstrは、ともに`idx`と`name`という属性を持っています。`idx`は通し番号で、`name`は名前です。

具体的に確認していきましょう。まず、2つの変数と3つの制約条件を持つモデルを作成します（リスト6.1.1）。

リスト6.1.1：2つの変数と3つの制約条件を持つモデル

```
In
from mip import Model

m = Model()
x = m.add_var("x")
y = m.add_var("y")
m += x - y >= 0
m += x + 2 * y == 3
m += x + y <= 5
```

`m.vars`と`m.constrs`の`idx`と`name`を表示します（リスト6.1.2）。

リスト6.1.2：varsとconstrsの表示

```
In
print("m.vars")
for v in m.vars:
    print(f"  {v.idx}: {v.name}")

print("m.constrs")
for c in m.constrs:
    print(f"  {c.idx}: {c.name}")
```

```
Out
m.vars
  0: x
  1: y
m.constrs
```

```
0: constr(0)
1: constr(1)
2: constr(2)
```

　m.vars には2つの変数 x と y があり、属性 name で名前を確認できます。変数の名前は、add_var() の第1引数で指定したものです。

　m.constrs には3つの制約条件があり、変数同様、属性 name で名前を確認できます。制約条件の名前は、未指定の場合 constr(通し番号) のようになります[1]。

　また、どちらも idx を持っていて、0から始まる通し番号になっています。

　変数と制約条件の個数を知りたいときは、次のように確認できます（リスト6.1.3）。

リスト6.1.3：変数と制約条件の個数

| In |

```
len(m.vars), len(m.constrs)
```

| Out |

```
(2, 3)
```

　Model の主な属性は表6.1.1の通りです[2]。

表6.1.1：Modelの主な属性

属性	意味（括弧内は例）	型[3]
constrs	全制約条件	ConstrList
objective	目的関数（maximize(x + y)）	LinExpr
sense	目的関数の方向（"MAX"）	str
solver	ソルバー	Solver
status	結果のステータス（OPTIMAL）	OptimizationStatus

[1] 制約条件の名前を指定するには、m += x - y >= 0, <制約条件の名前> のように書きます。なお、本書では制約条件の名前は指定しません。

[2] 3章「Pythonで数理モデルを作ろう」で学んだことも含みます。

[3] add_var() などのメソッドの場合、「表6.1.1の列の型」は戻り値の型です。

属性	意味（括弧内は例）	型[3]
vars	全変数	VarList
verbose	ソルバーのログ表示指定（0）	int
add_var()	変数の作成	Var
add_var_tensor()	変数ベクトルの作成	LinExprTensor
optimize()	ソルバーの実行	OptimizationStatus

まとめ

- モデルの全変数は、m.varsでリストのように取得できる
- モデルの全制約条件は、m.constrsでリストのように取得できる
- それぞれ通し番号（idx）と名前（name）を持つ

コラム

モデル内の変数は、作成した順番に並んでいます。変数と変数ベクトルが混在した場合で確認してみましょう（リスト6.1.4）。

リスト6.1.4：全変数の名前

| In |

```python
from mip import Model

m = Model()
x = m.add_var("x")
y = m.add_var_tensor((2,), "y")
z = m.add_var("z")
[v.name for v in m.vars]  # 変数の名前一覧
```

| Out |

```
['x', 'y_0', 'y_1', 'z']
```

変数ベクトルの名前には、引数で指定した名前に「_通し番号」がつきます。また、変数か変数ベクトルかに関わらず、m.varsに全変数が入ります。

6.2 Varの属性（上下限など）

PyQのURL https://pyq.jp/quests/mo_intro_class_02/

本書で扱う Var（変数）の主な属性は、表6.2.1の通りです。

表6.2.1：Varの主な属性

属性	意味	型
idx	全変数での通し番号	int
lb	下限	float
name	名前	str
ub	上限	float
var_type	変数の型	str
x	値	float[4]

lb と ub がはじめて見る属性です。それぞれ下限と上限を意味し、lower bound と upper bound の略になっています。指定しないと次のデフォルト値を使います。

- lb：0
- ub：INF（∞）[5]

上限が∞のときは「上限がない」と考えます。同様に、下限が−∞のときは「下限がない」と考えます。

lb と ub を指定しない変数は、デフォルトで「下限が0、上限はなし」となるため、非負変数になります。また、lb に -INF を指定して ub を指定しない変数

---

[4] 初期値は None です。
[5] INFは、mipモジュールの属性です。float("inf") とも書けます。

は、「下限も上限もない」ことになるため、自由変数[6]になります。

　具体的に見てみましょう。lbとubを指定しないときは、下限が0.0で上限がinfになっていることがわかります（リスト6.2.1）。

リスト6.2.1：変数の下限と上限

```
In
from mip import INF, Model

m = Model()
x = m.add_var("x")  # 非負変数
y = m.add_var("y", lb=-INF)  # 自由変数
z = m.add_var("z", lb=1, ub=2)
print(x.lb, x.ub)
print(y.lb, y.ub)
print(z.lb, z.ub)
```

```
Out
0.0 inf
-inf inf
1.0 2.0
```

　属性var_typeには、変数の型を指定します[7]。この変数の型は次の3つです。それぞれ、作成時に括弧内のように指定します。デフォルトは連続変数（"C"）です。

- 連続変数：値は実数（var_type="C"）
- 0-1変数：値は0または1（var_type="B"）
- 整数変数：値は整数（var_type="I"）

　リスト6.2.2のように、変数の属性のうちlbとubとvar_typeは、作成後に

[6] 上限と下限のない変数を自由変数といいます。
[7] 本書では、連続変数、0-1変数、整数変数の3種類の区別を「変数の型」と呼んでいます。

更新できます。

リスト6.2.2：変数の上下限と型の変更

```
In
z.lb = 10
z.ub = 20
y.var_type = "B"
z.var_type = "I"
print(x.var_type, x.lb, x.ub)
print(y.var_type, y.lb, y.ub)
print(z.var_type, z.lb, z.ub)
```

```
Out
C 0.0 1.7976931348623157e+308
B 0.0 1.0
I 10.0 20.0
```

　x.ubは作成時にinfと表示されていました。その後xは変更していませんが、x.ubが1.7976931348623157e+308に変わりました。この表記は、指数表記というもので309桁にもなる非常に大きな数字です[8]。Python-MIPでubの値が変わるのは、ソルバーの都合によるものです。本書では、気にせずに「そういうもの」と思ってください。

　さて、var_type = "B"を設定すると、下限と上限が0と1に変わりました。このように、0-1変数を作成すると下限と上限は自動で設定されるので、lbとubの指定は不要です。

まとめ

- 変数の下限と上限は、lbとubで指定する
- 変数の下限と上限を指定しないと、0とINF（表示はinf）になる
- 変数の属性lbとubとvar_typeは、作成後に変更できる

---

[8] floatで表現できる（inf以外の）最大値です。

6.3 Var と LinExpr の値の取得

PyQのURL https://pyq.jp/quests/mo_intro_class_03/

解が得られたとき、変数や一次式の値は属性 x で取得できます。

具体的に見てみましょう。まずはサンプルモデルで、ソルバーを実行します（リスト6.3.1）。

リスト6.3.1：サンプルモデルでソルバーの実行

```
In
```
```python
from mip import Model, maximize


m = Model()
x = m.add_var("x")
y = m.add_var("y")
expr = x - y  # 目的関数の式をいったん変数に入れる
m.objective = maximize(expr)
m += x + y <= 3
m.verbose = 0
m.optimize()
```

続いて、最適解の変数の値を確認しましょう。リスト6.3.2では省略していますが、実務では結果のステータスを確認してから、変数の値を取得してください[9]。

リスト6.3.2：変数の値

```
In
```
```python
print(f"{x.x = }")
print(f"{y.x = }")
```

[9] 結果のステータスの確認方法については、3.4節「Python-MIPで解を求めよう」を参照してください。

```
| Out |
x.x = 3.0
y.x = 0.0
```

xとyの値が3と0であることを確認できます。

次に、目的関数に設定した一次式（expr）の型と値を確認してみます（リスト6.3.3）。exprはLinExpr型です。LinExprのオブジェクトも変数（Var）と同様に属性xで値を取得できます。

リスト6.3.3：一次式の型と値

```
| In |
print(f"{type(expr) = }")
print(f"{expr.x = }")
```

```
| Out |
type(expr) = <class 'mip.entities.LinExpr'>
expr.x = 3.0
```

目的関数の値も3.0になっているはずなので確認してみましょう。目的関数の値はm.objective_valueで取得できます（リスト6.3.4）。

リスト6.3.4：目的関数の値

```
| In |
print(f"{m.objective_value = }")
```

```
| Out |
m.objective_value = 3.0
```

変数と一次式の値は、どちらも属性xで取得できることを覚えましょう。

実は、属性xを取得すると、内部で関数が実行されます。複雑な一次式の場合、何度もxを参照するとムダな処理をすることになります。

そのような場合は、別のPythonの変数に値を代入してから参照するとよいでしょう。

変数の値を何度も参照するとき

```
# 関数が実行される → 結果を変数に代入
expr_x = expr.x


# 変数を参照しているため、関数が実行されない
print(f"{expr_x = }")
```

まとめ

- 値を取得するときは、結果のステータスを確認してから取得すること
- 変数や一次式の値は、属性 x で取得できる
- 目的関数の値は、m.objective_value で取得できる

コラム

制約条件と一次式の型について補足します。少し複雑なので、この話は「制約条件の取得と更新ができる」ということが何となくわかれば大丈夫です。

制約条件の追加は、**構文 6.3.1** のようにします。

構文 6.3.1：制約条件の追加

```
m += 制約条件
```

Python-MIPでは紛らわしいことに、x + y <= 3のような制約条件自体は、一次式（LinExprのオブジェクト）となっています。

制約条件（Constrのオブジェクト）として取得したい場合は、先にこの一次式をモデルに追加したあとに、m.constrsで参照する必要があります。

リスト6.3.5で確認してみます。exprの意味は制約条件ですが、型は一次式です。

この一次式をモデルに追加してからm.constrs[0]で取得すると、Constr型の制約条件になります。

リスト6.3.5：制約条件の型

```
In
```

```
from mip import Model
```

```
m = Model()
x = m.add_var("x")
y = m.add_var("y")

expr = x + y <= 3
print(expr)
print(type(expr))  # LinExpr型
print()
m += expr  # 制約条件の追加
cnstr = m.constrs[0]  # 制約条件の取得
print(cnstr)
print(type(cnstr))  # Constr型
```

| Out |

```
+ x + y  <= 3.0
<class 'mip.entities.LinExpr'>

constr(0): +1.0 x +1.0 y <= 3.0
<class 'mip.entities.Constr'>
```

Constrの属性rhsを使うと、「右辺（right-hand side）に集めた定数項」を取得したり更新したりできます。x + y <= 3のrhsは3です。この値を10に変更してみましょう（リスト6.3.6）。

リスト6.3.6：右辺の変更

| In |

```
cnstr.rhs = 10  # 右辺を変更できる
print(cnstr)
```

| Out |

```
constr(0): +1.0 x +1.0 y <= 10.0
```

なお、ConstrはLinExprと違って、属性xを持っていないことに注意してください。

6.4 変数ベクトル作成時の指定

PyQのURL https://pyq.jp/quests/mo_intro_class_04/

4章「たくさんの変数はベクトルで」では、以下のことを学びました。

- 変数ベクトルは add_var_tensor() で作成でき、型が LinExprTensor である
- LinExprTensor は、astype(型) で要素の型を変換できる

本書では、変数の1次元配列を変数ベクトルと呼んでいます。また、1次元配列や2次元配列を総称して多次元配列あるいはN次元配列と呼びます。

本節では、さらに次のことを学びます。

- add_var_tensor() では、add_var() と同様に、引数に lb と ub と var_type が使える
  - この指定はすべての変数に適用される
- n_row 行 n_col 列の変数の2次元配列は、add_var_tensor((n_row, n_col), ...) で作成できる
  - 変数の2次元配列に対し、astype(型) で要素の型を変換しても形状は変わらない
  - 2次元配列 y の i + 1 行目 j + 1 列目の要素は、y[i, j] で参照できる

最初に、いくつかの引数を指定して、変数ベクトルを作成しましょう（リスト6.4.1）。

リスト6.4.1：add_var_tensorの引数

In

```
from mip import Model
```

```
m = Model()
x = m.add_var_tensor((2,), "x", lb=1, ub=2, var_type="I")
x0 = x[0]  # 1番目の変数
print(f"{x0.lb} {x0.ub} {x0.var_type}")
x1 = x[1]  # 2番目の変数
print(f"{x1.lb} {x1.ub} {x1.var_type}")
```

| Out |

```
1.0 2.0 I
1.0 2.0 I
```

　変数ベクトル作成時に指定したlbやubやvar_typeの値が、変数の属性に設定されました。これらの属性は、変数ベクトル内のすべての変数に設定されます。このとき、lbやubやvar_typeは変数ベクトルの属性ではないことに注意してください。

　次に型を確認します（リスト6.4.2）。

リスト6.4.2：変数ベクトルとその要素の型

| In |

```
print(type(x))   # 変数ベクトルの型
print(type(x0))  # 変数ベクトルの要素の型
```

| Out |

```
<class 'mip.ndarray.LinExprTensor'>
<class 'mip.entities.Var'>
```

　本書で出てくるLinExprTensorは、基本的に変数ベクトルです。その場合、要素はVarになります。

　ただし、一般的なLinExprTensorの要素は、VarまたはLinExprになります。

　続いて、shapeに(2, 3)を指定し、2行3列の2次元配列を作成します。この2次元配列のastype()の結果を確認してみましょう（リスト6.4.3）。

リスト6.4.3：2次元配列の例

| In |

```
y = m.add_var_tensor((2, 3), "y")
y.astype(str)
```

| Out |

```
LinExprTensor([['y_0_0', 'y_0_1', 'y_0_2'],
               ['y_1_0', 'y_1_1', 'y_1_2']], dtype='<U5')
```

　文字列化しても2行3列のままであることがわかります。

　別の型でも確認してみましょう。astype(float, subok=False)で変数の値を取得できます。ここでは、値を取得する前にソルバーを実行します（リスト6.4.4）。floatのときは、4.3節「要素の型の変換」で説明したようにsubok=Falseをつけるようにしましょう。

リスト6.4.4：変数の多次元配列の値

| In |

```
m.verbose = 0
m.optimize()
y.astype(float, subok=False)
```

| Out |

```
array([[0., 0., 0.],
       [0., 0., 0.]])
```

　このモデルでは制約条件と目的関数を設定していません。このようなモデルを解くと、（ソルバー内部で決定した）初期解が最適解になります。ここでは初期解がすべて下限の0になっており、それがそのまま最適解になっています。

　yの1行目1列目の変数の下限（lb）が、0であることも確認してみましょう。1行目1列目の変数は、y[0, 0]で取得できます（リスト6.4.5）。

リスト6.4.5：下限の確認

| In |

```
y[0, 0].lb
```

| Out |

```
0.0
```

このように、下限lbが指定されていないとき、add_var_tensor()の要素は非負変数になります。

まとめ

- add_var_tensor()では、lbとubとvar_typeが使え、要素の変数に適用される
- n_row行n_col列の変数の2次元配列は、add_var_tensor((n_row, n_col), ...)で作成できる
  - 2次元配列yのi + 1行目j + 1列目の要素は、y[i, j]で参照できる
- 多次元配列のastype(型)では、要素の型だけ変換され、形状は変わらない
  - 型がfloatのときは、astype(float, subok=False)とする

コラム

N次元の配列とは、N個の軸でアクセスする配列です。N次元の変数は、実務の数理モデルでよく使います。たとえば、次の軸を持つ変数を考えると5次元になります。

1. いつ
2. どこから
3. どこに
4. 何を
5. どうやって

このように複数の軸が必要な場合でも、変数の1次元配列を使う方法があります。詳しいやり方は、発展編の13.1節「輸送のモデル」で学びます。

6.5 2次元配列の便利機能

PyQのURL https://pyq.jp/quests/mo_intro_class_05/

2次元配列（主にLinExprTensor）について、次のようないくつかの使い方を確認します。これらは、以降の章で使うものです。

- flat
- スライス
- sum()
- 絞り込み

リスト6.5.1の変数の2次元配列xを使ってそれぞれ説明します。ここでは、このxで何ができるかを把握しましょう（書き方を暗記する必要はありません）。

リスト6.5.1：変数の2次元配列の準備

```
In
import numpy as np
from mip import Model, xsum

m = Model()
x = m.add_var_tensor((2, 3), "x")
x.astype(str)
```

```
Out
LinExprTensor([['x_0_0', 'x_0_1', 'x_0_2'],
               ['x_1_0', 'x_1_1', 'x_1_2']], dtype='<U5')
```

flat

多次元配列を 1 次元として扱いたいときに flat を使います。

たとえば、xの全要素の合計（和）を取得するにはxsum(x.flat)とします。xsum()は**1次元のデータが必要**なので、多次元配列を使いたいときはこのように書く必要があります。

aを2次元のデータとしたとき、aとxの「要素ごとの積の和」はxsum((a * x).flat)で計算できます。

a * x が要素ごとの積です。リスト6.5.2では、変数名を確認できるように文字列化しています。a * x が2次元なので、和を取るために flat を使います。

リスト6.5.2：要素ごとの積の和

| In |

```
a = [[1, 1, 1], [2, 2, 2]]
print((a * x).astype(str))  # 要素ごとの積
print()
print(xsum((a * x).flat))  # 要素ごとの積の和
```

| Out |

```
[['+ x_0_0 ' '+ x_0_1 ' '+ x_0_2 ']
 ['+ 2x_1_0 ' '+ 2x_1_1 ' '+ 2x_1_2 ']]

+ x_0_0 + x_0_1 + x_0_2 + 2x_1_0 + 2x_1_1 + 2x_1_2
```

スライス

スライスを使って、行や列を取得できます（リスト6.5.3）。

リスト6.5.3：スライス

```
In
print(x[0].astype(str))      # 1行目
print(x[:, 1].astype(str))   # 2列目
```

```
Out
['x_0_0' 'x_0_1' 'x_0_2']
['x_0_1' 'x_1_1']
```

列は2つ目の添字を使うので、2列目（x[:, 1]）はx_0_1とx_1_1です。2次元配列の列は、x[:, 1]のように簡潔に書けて便利です。

sum()

2次元配列の行や列ごとの合計はリスト6.5.4のように書けます。

リスト6.5.4：行や列ごとの合計

```
In
print(x.sum(axis=1).astype(str))   # 行ごとの合計
print(x.sum(axis=0).astype(str))   # 列ごとの合計
```

```
Out
['+ x_0_0 + x_0_1 + x_0_2 ' '+ x_1_0 + x_1_1 + x_1_2 ']
['+ x_0_0 + x_1_0 ' '+ x_0_1 + x_1_1 ' '+ x_0_2 + x_1_2 ']
```

axis=1とすると、軸1（横方向）に沿って行ごとに計算します。
axis=0とすると、軸0（縦方向）に沿って列ごとに計算します。
sum()などの集約する関数では、axisは要素を拾っていく軸になります。

絞り込み

x[条件]のように書くと、条件に一致する要素だけを絞り込めます。多次元配列で絞り込みをした結果は、1次元になります。

具体的に確認してみましょう。まずは、条件で使用する値（val）を準備します（リスト6.5.5）。

リスト6.5.5：値の準備

```
In
val = np.array([[0, 1, 0], [0, 0, 2]])
val
```

```
Out
array([[0, 1, 0],
       [0, 0, 2]])
```

val >= 1は、1以上の値に着目したいときに使う条件です。この結果は、ブール値の2次元配列になります。1行目2列目と2行目3列目がTrueです（リスト6.5.6）。

リスト6.5.6：条件

```
In
val >= 1
```

```
Out
array([[False,  True, False],
       [False, False,  True]])
```

x[val >= 1]は、1行目2列目と2行目3列目の変数を抜き出し、1次元になります（リスト6.5.7）。

リスト6.5.7：絞り込み

```
In
print(x[val >= 1].astype(str))
```

| Out |

```
['x_0_1' 'x_1_2']
```

x[条件]の条件に使う多次元配列（ここではval）に、LinExprTensorを使わないようにしましょう。

絞り込みでは、条件の要素はboolでないといけません。しかし、valがLinExprTensorだとval >= 1の要素がLinExprになり、絞り込みできません。

まとめ

2次元配列の便利な機能

- xsum(x.flat)：変数の合計
- xsum((a * x).flat)：要素ごとの積の和（内積）
- x[i]：i + 1行目
- x[:, i]：i + 1列目
- x.sum(axis=1)：行ごとの合計
- x.sum(axis=0)：列ごとの合計
- x[条件]：絞り込み

ただし、xを変数の2次元配列、aをxと同じ形状の2次元配列（あるいはリストのリスト）、iを整数とします。

コラム

次のように作成した変数の3次元配列について補足します。

変数の3次元配列

```
x = m.add_var_tensor((n0, n1, n2), "x")
```

xは3つの軸（軸0、軸1、軸2）を持ち、要素はn0 * n1 * n2個あります。
2次元と同様に、x[i0, i1, i2]のように各要素を参照できます。また、x[:, i1, i2]や、x[i0, :, i2]のようにコロンも使えます。最後のコロンは省略できるので、x[i0, i1, :]はx[i0, i1]と、x[i0, :, :]はx[i0]と書けます。

6.6 その他のクラスと関連

PyQのURL https://pyq.jp/quests/mo_intro_class_06/

本節では、Solverクラスと OptimizationStatus クラスについて学びます。

Solverについて

Python-MIPでは、ソルバーがモデルと一体化しており、m.solverでソルバーを取得できます。リスト6.6.1では、このソルバーがSolverクラスであることを確認しています。

リスト6.6.1：ソルバーのクラスの確認

| In |

```
from mip import Model, OptimizationStatus, Solver, maximize

m = Model()
isinstance(m.solver, Solver)
```

| Out |

```
True
```

ソルバーに対する多くの操作はモデルを通して実行できるので、本書では m.solver は使いません。ここで m.solver を確認したのは、「モデルがソルバーを持っている」ことを知ってもらうためです。

デフォルトのソルバーはCBCです。ソルバーを変更する方法については、3.4節「Python-MIPで解を求めよう」を参照してください。

OptimizationStatus について

OptimizationStatus は列挙型で、結果のステータスを表します。リスト6.6.2で全ステータスを確認しています[10]。

リスト6.6.2：全ステータス

```
In
list(OptimizationStatus)
```

```
Out
[<OptimizationStatus.ERROR: -1>,
 <OptimizationStatus.OPTIMAL: 0>,
 <OptimizationStatus.INFEASIBLE: 1>,
 <OptimizationStatus.UNBOUNDED: 2>,
 <OptimizationStatus.FEASIBLE: 3>,
 <OptimizationStatus.INT_INFEASIBLE: 4>,
 <OptimizationStatus.NO_SOLUTION_FOUND: 5>,
 <OptimizationStatus.LOADED: 6>,
 <OptimizationStatus.CUTOFF: 7>,
 <OptimizationStatus.OTHER: 10000>]
```

結果のステータスは、m.optimize() の戻り値とm.status で確認できます。

ステータスの種類で重要なものは、最適解あり（OPTIMAL）と実行不可能（INFEASIBLE）と非有界（UNBOUNDED）です。図6.6.1 は、2変数のそれぞれのイメージです。

図6.6.1：ステータスの種類

[10] 本書では、全ステータスの説明については省略します。

　順番は前後しますが、1変数のモデルでそれぞれ確認しましょう。最初は非有界のケースです（リスト6.6.3）。

リスト6.6.3：非有界になるケース

| In |

```
m = Model()
x = m.add_var("x")  # 非負変数
m.objective = maximize(x)
m.verbose = 0
m.optimize()  # m.statusと同じ値を返します
```

| Out |

```
<OptimizationStatus.UNBOUNDED: 2>
```

　このモデルには、制約条件がありません。そのため、非負変数xを最大化したときのステータスは、非有界（UNBOUNDED）になります。

　非有界では、目的関数の絶対値が無限大に発散します。

　続けて、制約条件を追加して実行します。これは、最適解が存在するケースです（リスト6.6.4）。

リスト6.6.4：最適解ありになるケース

| In |

```
m += x <= 1
m.optimize()
```

| Out |

```
<OptimizationStatus.OPTIMAL: 0>
```

　xが1以下のときにxを最大化するので、最適解のxは1です。ステータスは、最適解あり（OPTIMAL）になります。

　最後は、実行不可能になるケースです（リスト6.6.5）。

リスト6.6.5：実行不可能になるケース

In

```
m += x <= -1
m.optimize()
```

Out

```
<OptimizationStatus.INFEASIBLE: 1>
```

非負変数 x は、-1 以下にできません。したがって、ステータスは実行不可能
（INFEASIBLE）になります。

変数の値を取得する前にステータスを確認するようにしましょう。ステータ
スの値は属性 value で取得できます。最適解が得られたかどうかは、リスト
6.6.6のどちらでも使えます。結果は同じなので、好みで選べばよいでしょう。

リスト6.6.6：ステータスの確認

In

```
print(m.status == OptimizationStatus.OPTIMAL)
print(m.status.value == 0)
```

まとめ

- ソルバーは、m.solver で取得できる
- モデルの属性を通してソルバーの振る舞いを変更できる
  - たとえば、m.verbose = 0はソルバーのログ出力の抑制
- 結果のステータスの型は、OptimizationStatus という列挙型
  - 主な種類は、最適解あり（OPTIMAL）、実行不可能（INFEASIBLE）、非有界
    （UNBOUNDED）
  - 最適解ありかどうかは、m.status.value == 0で判定できる

図 **6.6.2** は、本章の各クラスの主要な属性です。どんなクラスや属性があるか確認するときにご利用ください。

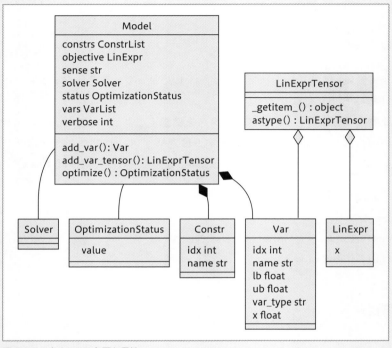

図**6.6.2**：各クラスの主要な属性

- メソッドの引数は省略しています。
- 「Model ── Solver」のようなクラス間の線は関連があることを表しています。
- 「Model ◆── Var」は、Modelが Varの集合を持っていることを表しています。そして、Var（子）はちょうど1つの Model（親）を参照しています。
- 「LinExprTensor ◇── Var」も、LinExprTensorが Varの集合を持っていることを表しています。しかし、Var は LinExprTensorを参照しておらず、LinExprTensorを削除しても Var はそのまま使えます。

第 **7** 章

問題解決ってどうやるの？

数理最適化を使った問題解決において、取り組み方の
流れや気をつけることを学びます。

7.1 問題解決への取り組み方

PyQのURL https://pyq.jp/quests/mo_intro_mind_01/

本章から応用編になります。応用編では、全般的に気にしてほしいことを本章で紹介したあと、以降の章で表7.1.1の4つの簡単な事例を扱います。

表7.1.1：応用編の事例

タイトル	内容	ポイント
8章「輸送費を減らしたい」	輸送費の削減	基本的なモデル改善の考え方
9章「もっと食べたくなる献立を」	献立の計画	フィードバックによる改良方法
10章「お酒をわけよう」	試飲会の銘柄選択	複数の目的関数の扱い方
11章「シフト表を作りたい」	シフト表の作成	マスを埋める問題の考え方

実務で課題を持っている人が、数理最適化を使って自己解決するケースは、多くはありません。それよりも数理最適化のノウハウを持っている人に相談して解決を目指すことが多いです。

そこで、本章では、課題を持つ人（相談者）と数理モデルを考える人（支援者）の両者を考えます。ここでは「支援者」の立場になったと思って読み進めてください。

問題解決の流れ

最初に箇条書き7.1.1で問題解決の流れを紹介します。

箇条書き7.1.1 問題解決の流れ

1. 「支援者」が「相談者」から問題の内容をヒアリングする
2. 「支援者」が「相談者」からデータを貰ったり、収集したりする
3. 「相談者」と「支援者」で検討し、何から解決したいかを決める

4. 「支援者」が方法を考えて解を求める
5. 「支援者」が結果をまとめて「相談者」に見てもらう
6. おかしなところがあれば適宜戻る

　まず伝えたいことは、「数理最適化による問題解決は難しい」ということです。検討に時間もかかりますし、効果もやってみないとわかりません。また、完璧な解決を求めてもいけません。有限の時間の中でいかに効果を出すかが重要です。

　このような話は経験してみないとなかなかわかりません。ここでは雰囲気がわかれば大丈夫です。

　ポイントを絞って、箇条書き 7.1.1 に沿って説明します。

1. 「支援者」が「相談者」から問題の内容をヒアリングする
   困っている人から内容を聞くときに、具体的にどう困っているかを確認しましょう。何をしたいのか、どんな手段を取れるのか、何をしたらいけないのかなどです。
   大事なのは、何をしたいのかに加えてその理由です。「相談者」からの信頼関係ができていないと、本当の理由を話してくれないこともあるので、信頼を高めていくことも重要です。
2. 「支援者」が「相談者」からデータを貰ったり、収集したりする
   検討を進めるにはデータが必要です。課題を一度に解けないときは難しいところから検討すべきです。データがないとどこが難しいかを判断できません。
3. 「相談者」と「支援者」で検討し、何から解決したいかを決める
   一度に何でもやろうとしてはいけません。何でもやろうとすると逆に何もできなくなります。重要なことに集中しましょう。何が重要かはきちんと聞かないといけません。
4. 「支援者」が方法を考えて解を求める
   何をやるか決めたら、最適化の数理モデルを作って解きます。

5.「支援者」が結果をまとめて「相談者」に見てもらう

得られた結果はわかりやすく見せることが重要です。文字列を出力しただけでは気づかないことが、グラフにすることで一瞬で気づくこともよくあります。

6. おかしなところがあれば適宜戻る

結果を見ると、間違いに気づくことが多いです。そのときは戻ってやり直します。

まず、数理モデルと結果が合致していることを確認しましょう。これは、数理モデルの作者である「支援者」が確認できます。

次に、問題と数理モデルが合致していることを確認しましょう。これは、「相談者」でないと確認できないことがあります。またこの確認では、その業務のベテラン（専門家）の知識が必要になることも多いです。結果が使えるかどうかは「最適であるかどうか」ではなく、もっと多角的な判断が必要だからです。

問題解決の心構え

次に、「支援者」にとっての問題解決の心構えを紹介します。

基本的に、**数理最適化でできることは問題解決の支援**と考えるべきです。

数理最適化の結果を実際に適用して問題がないか、「相談者」と一緒に確認しましょう。最適化の結果はあくまで参考情報で、最終的な意思決定は人が行うべきです。理由を説明します。

本書で扱う線形最適化の最適解は実行可能領域の頂点になります。これは、バランスの取れた解が出にくいということです。「相談者」の立場で結果を見ると「公平でない」と感じる場合があります。

たとえば、投資対象を決めたい場合に、期待値を最大化すると1つの投資対象だけを選んでしまうことがあります。

公平さを考えるのは難しいです。ばらつき最小化を使えば公平さを考慮できますが、ばらつきは二次式なので本書では扱っていません。また、適切な一次式の制約条件を追加しても公平に近づきますが、試行錯誤が必要です。

人が何かを実現したいと思ったとき、実にいろいろなことを考えています。

しかし、数理最適化を使ってすべての要望を完全に満たすのは難しいことが多いです。このため、数理最適化を問題解決に活かすには、実現したいことの一部だけに絞る必要があります。数理モデルが出した結果は、実現したいことのすべてを考慮しているわけではないので、そのまま使えるとは限りません。ですが、意思決定の参考にはなります。そして、最後の調整は人が行うべきです。

数理最適化による問題解決は、「これまでのやり方よりベターなやり方」を目指すべきです。ベストを求めても答えが出るとは限りません。

このように数理最適化による問題解決は難しいです。また数理最適化は万能ではなく、何でもできるわけではありません。

「最適化」という言葉に過剰に期待をする「相談者」もいます。そのため、「できること／できないこと」を早めにすり合わせて、最初は小さくはじめることをおすすめします。

大事なのは、問題解決に向けた効果を出すことです。そのためには何をすべきかをよく考えましょう。

次の章以降では、具体的な例を通して「簡単なモデルを作成し、改善していくステップ」を体験します。

確認問題

本書で扱う問題解決の流れに相応しいものを選んでください（2つ選択）

1. 数理モデルを作成する
2. 結果を確認する
3. 必ず自動で意思決定に反映する
4. すべての課題を解決しようとする

確認問題—解答

1、2

1. ○ **数理モデルを作成する**

    問題に応じて、数理モデルを作る必要があります。

2. ○ **結果を確認する**

    実務の数理モデルでは、往々にしてすべての条件を考慮していません。このような場合、結果を確認することで必要な条件に気づくことがあります。

3. × **必ず自動で意思決定に反映する**

    数理最適化は、複雑な課題の意思決定の支援として役に立ちます。意思決定の自動化は不可能ではありませんが、いつでもできるわけではありません。

4. × **すべての課題を解決しようとする**

    実務の課題を数理最適化ですべて解決することは困難です。課題に優先順位をつけて、どこまで対応すべきかを考えましょう。

まとめ

- 数理最適化ですべての課題を解決することは難しい
- 何をしたいのかをはっきりさせて、優先することを絞る
- 数理最適化の結果を参考に人が意思決定し、効果を出すことが大事

7.2 データの前処理

PyQのURL https://pyq.jp/quests/mo_intro_mind_02/

　もし、最適化の入力データが間違っていたら、結果も間違っているでしょう。そうならないためには、データがきちんと使える状態か確認することが重要です。

　最適化を使った問題解決の実作業は、データサイエンティストの作業に似ているところがあります。

　その1つが、データの前処理に時間がかかる点です。時間がかかる工程として次のような作業があります。

1. 必要なデータがすべて揃っているかの確認
2. 間違ったデータや外れ値の検討と修正
3. 欠損データの対応
4. 表記ゆれデータの修正
5. 間接的なデータから、直接必要なデータへの変換

　最初の「1. 必要なデータがすべて揃っているかの確認」は非常に重要です。単に存在するかどうかだけでなく、中身を見て使えるかどうかも確認しないといけません。

　次の「2. 間違ったデータや外れ値の検討と修正」も重要です。データが存在していても、間違っていることが多々あります。入力ミスやプログラムの不具合など理由はさまざまですが、内容によっては修正不可能だったり、修正できても時間がかかったりします。

　また、「支援者」だとデータの真偽が判断しづらいことがあります。その場合は「相談者」や業務の専門家がデータの正確性を判断すべきです。

　続いて「3. 欠損データの対応」について補足します。データを確認すると、必要なデータが欠損していることも珍しくありません。一般に、欠損データに

対し次のような扱いが考えられます。

- 削除する
- 代表値などで補完する
- 再取得する

　代表値などで補完した場合は、結果にどのような影響があるかも考慮しましょう。

　続く「4. 表記ゆれデータの修正」の例として、住所があります。漢数字と算用数字の違いだったり、全角半角の違いだったり、漢字の表記ゆれなどいろいろあります。

　最後の「5. 間接的なデータから、直接必要なデータへの変換」は、データの前処理として時間がかかりやすい作業です。作業そのものはケースバイケースなので詳細は省略しますが、データの単位や系などには特に注意しましょう。「相談者」にとっては常識だから説明していなかったことでも、「支援者」が想定した単位と実際のデータの単位が異なっていたというケースはよくあります。次は勘違いの例です。

- 船の速度が、時速だと思ったらノットだった
- 時刻が、日本標準時だと思ったら協定世界時だった
- 緯度経度が、世界測地系だと思ったら日本測地系だった[1]

　いずれにしろデータの扱いについては、次のようなことに注意しましょう。

- 実データを早めに入手し確認する
- 前処理にかかる時間も予定として確保する
- データの間違いに気づきやすいように可視化する
- データの妥当性の検討のために、「相談者」やその業務の専門家に見てもらう

---

[1] 測地系は、緯度経度などの表現システムです。

最適化の結果を見て、入力データの間違いに気づくことも多いです。

たとえば輸送費の最小化をする場合、データ上の単価が実際の単価と食い違っていると、次のような問題が起きることが考えられます。

- データ上の単価が、実際の単価より小さい場合：最適解を実際に適用しようとすると、費用が想定以上にかかる
- データ上の単価が、実際の単価より大きい場合：よりよい解が存在することに気づきにくい

間違った値や外れ値を見つけたら、似たような間違いや外れ値が他にもないか確認しましょう。

確認問題

数理最適化による問題解決において、入力データを扱う上で適切なものを選んでください
（1つ選択）

    1. 入力データは、数理モデル完成後にあればよい
    2. 入力データは正しいはずなのでチェック不要である
    3. 入力データの真偽は数理モデル作成者が判断すべきである
    4. 入力データの前処理にかかる時間も想定する

確認問題―解答

4

---

1. ×　入力データは、数理モデル完成後にあればよい

    入力データは、入手後すぐに使えるとは限りません。実際のデータを早めに入手して、必要なデータが揃っているか確認しましょう。

2. ×　入力データは正しいはずなのでチェック不要である

    入力データが間違っていることや、期待と異なる形式のこともあるので、必ずチェックするようにしましょう。

3. ×　**入力データの真偽は数理モデル作成者が判断すべきである**

　　モデルの作成者は入力データの真偽を判断できないことがあります。そのような場合、データの提供者が真偽を判断すべきです。

4. ○　**入力データの前処理にかかる時間も想定する**

　　入力データが直接使えない場合は、前処理が必要なことがあります。

まとめ

次のようなデータの前処理で時間がかかることがあります。

- 必要なデータが揃っているかの確認
- 間違ったデータや外れ値の検討と修正
- 欠損データの対応
- 表記ゆれデータの修正
- 間接的なデータから、直接必要なデータへの変換

問題解決ってどうやるの？

7.3 日常会話で気をつけること

PyQのURL https://pyq.jp/quests/mo_intro_mind_03/

数理モデルは、明確に記述する必要があります。明確にとは、誰が見ても同じ解釈になるということです。

しかし、日常会話で使われる言葉と、数学や論理で使われる言葉に違いがあることがあります。

実務で「相談者」と「支援者」で解釈が違いやすい例を見てみましょう。

解釈が違いやすい例：「最適」や「絶対」

数理最適化で「最適」とは、「もっとも大きい」や「もっとも小さい」という性質です。しかし、日常会話ではもっと広い意味で「最適」という言葉が使われます。たとえば、「もっとも使いやすい」や「それなりに大きい」などです。このように、日常生活で使われる言葉は、あいまいなことや厳密でないことがあります。

また「絶対」も意味が異なることが多い言葉です。日常会話では、99％ぐらいで成立することでも「絶対」といわれます。残りの1％は、あとから例外として出てきたりします。そして、1％の例外に対応するためにモデルの作り直しが必要になることもあります。

「相談者」も「支援者」も、自分が常識と思っていることを言葉にしないことがよくあります。些細なことでも、お互いの認識に差異がないか確認することが重要です。

解釈が違いやすい例：「または」

日常会話の「AまたはB」は、（論理学でいう）論理的には「AかつBでない、または、BかつAでない」を意図していることがあります（図7.3.1）。

図7.3.1：論理的な意味とそのベン図1

　このように、日常会話の「または」では、暗黙的に排他的になることを意図していることがあります。この場合「AかつB」の結果が出ると、「相談者」に「間違っている」といわれることになります。

　たとえば、「当選者にAの商品を渡します、または、Bの商品を渡します」に対して、両方を渡すと「片方だけです」といわれることになります。

解釈が違いやすい例：「ならば」

　日常会話の「AならばB」[2]は、論理的には「A、かつ、AならばB」を意図していることがあります（図7.3.2）。

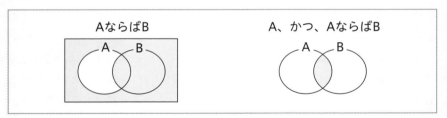

図7.3.2：論理的な意味とそのベン図2

　たとえば、次のようなチェックリストがあり、当てはまれば○をつけるものとします。

- 顧客から機器を借りていたら預り証を渡している

　さて、「顧客から機器を借りていない」場合、どうしますか？

[2] https://ja.wikipedia.org/wiki/論理包含 にベン図などの説明があります。

　多くの人は、○をしないでしょう。しかし、論理的には○が正解です。これは「AならばB」と論理的に同値なのは「Aでない、または、B」だからです。このチェックリストは「顧客から機器を借りていて、かつ、預り証を渡していない」ことを避けるためのものなので、顧客から機器を借りていなければ○なのです。

　ここでは「AならばB」のAとBは、次のようになります。

- A：顧客から機器を借りている
- B：預り証を渡す

　「顧客から機器を借りていない」場合は、「Aでない」ので論理的には「AならばB」が成立します。

　このような場合は、チェックリストを次のように表現すると誤解が少なくなります。

- 顧客から機器を借りていない、または、借りていて預り証を渡している

確認問題

日常会話の意味と論理的な意味が異なりやすいものを選んでください（2つ選択）
1. 3の倍数または5の倍数のときは、「3または5の倍数」と表示する
2. 3の倍数かつ5の倍数のときは、「15の倍数」と表示する
3. このフラグは、パスワードが入力されていればその登録値と同じかどうかを表す
4. パスワードが入力されていてその登録値と異なる場合に処理する

確認問題―解答

1、3

1.　○　3の倍数または5の倍数のときは、「3または5の倍数」と表示する
　日常会話の意味と論理的な意味が、次のように異なることがあります。

異なる例

```
# 日常会話の意味：3の倍数か5の倍数のどちらか
if num % 15 and (num % 3 == 0 or num % 5 == 0):


# 論理的な意味：3の倍数または5の倍数
if num % 3 == 0 or num % 5 == 0:
```

2. × 3の倍数かつ5の倍数のときは、「15の倍数」と表示する

日常会話の意味と論理的な意味は、次のように同じです。

同じ例

```
if num % 3 == 0 and num % 5 == 0:
```

3. ○ このフラグは、パスワードが入力されていればその登録値と同じかどうかを表す

日常会話の意味と論理的な意味が、次のように異なることがあります。

異なる例

```
# 日常会話の意味：パスワードが入力済み、かつ、登録値と同じかどうか
flag = passwd != "" and passwd == registered


# 論理的な意味：パスワードが未入力、または、登録値と同じかどうか
flag = passwd == "" or passwd == registered
```

4. × パスワードが入力されていてその登録値と異なる場合に処理する

日常会話の意味と論理的な意味は、次のように同じです。

同じ例

```
if passwd != "" and passwd != registered:
```

まとめ

数理モデルは、数式で論理的に記述します。日常会話では論理的な意味と異なる意図で話されることがあるので、注意が必要です。

第 **8** 章

輸送費を減らしたい

輸送費が最小になるような計画を立てる課題を通して、モデルの作成方法やその改善方法を学びます。

8.1 … ガソリンが高い！

PyQのURL https://pyq.jp/quests/mo_intro_truck_01/

　本章では、車両を使った輸送費の削減をします。

　物流業界では、燃料費高騰やドライバー不足で輸送費の削減が求められています。本節では、簡単なケースで輸送費の最小化を考えていきます。

課題

　ガソリン高騰にともない、あるメーカーでは輸送費の削減が課題になっています。

　工場で製造した製品を、需要地に近い倉庫に車両で輸送する部分について、見直すことになりました（図8.1.1）。

　工場ごとに出荷可能量が、倉庫ごとに需要量が決まっています。

　輸送費を最小化するには、工場と倉庫間ごとの輸送量をどのように決めればいいでしょうか？

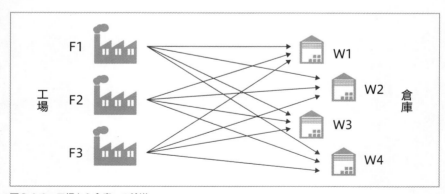

図8.1.1：工場から倉庫への輸送

考え方

とっかかりとして、まずはシンプルなモデルを考えましょう。

ここでは「ある工場からある倉庫への輸送量」を考えることにします。つまり、複数の工場からまとめて1つの倉庫へ運んだり、1つの工場から複数の倉庫へまとめて運んだりは考えません（図8.1.2）。

輸送量は実数とします。また、工場と倉庫間ごとの輸送費はその輸送量に比例し、固定費は0とします。

このとき、1つの工場から1つの倉庫への輸送費は、「その工場からその倉庫への輸送量」に「輸送費の量あたりの単価」を掛けたものになります。

図8.1.2：運び方がOKの例とNGの例

- やりたいことは、輸送費の最小化とします。
- 決めることは、工場と倉庫間ごとの輸送量とします。
- 守ることは、各工場の出荷可能量と各倉庫の需要量とします。

実際に課題を解決しようとすると多くの要素が考えられますが、ここでは次の要素だけを対象にします。簡単のために「輸送費の量あたりの単価」は「輸送費の単価」としています。

- 工場とその出荷可能量
- 倉庫とその需要量
- 工場と倉庫間ごとの輸送費の単価

　実際の車両では、車両数、固定費、車庫の位置、ドライバーの稼働時間など
さまざまな要素が関係しますが、ここでは無視します。

　対象を決めたので、実務では次のようにデータを集められるでしょう。

- 工場とその出荷可能量：生産計画と在庫を参考にする
- 倉庫とその需要量：倉庫の容量や販売計画を参考にする
- 工場と倉庫間ごとの輸送費の単価：輸送実績を参考にする

　これらを使うと、数理モデルは次のような線形最適化になります。

数理モデル（輸送の問題）

- 非負変数：工場と倉庫間ごとの輸送量
- 目的関数：輸送費の単価と輸送量の内積 → 最小化
- 制約条件：
  - 工場ごとに、輸送量の和が出荷可能量以下
  - 倉庫ごとに、輸送量の和が需要量に等しい

まとめ

問題を数理モデルに落とし込むには

- 最初の一歩として、まずは要素を絞ってシンプルなモデルを考える
  - やりたいこと、決めること、守ること
- 必要なデータが何かと、どうやってデータを収集するかを考える
- どのような数理モデルを作るか、文章で考える

8.2 … 費用は削減されたのか？

PyQのURL https://pyq.jp/quests/mo_intro_truck_02/

8.1節「ガソリンが高い！」で考えた次の数理モデルをPythonで作成しましょう。

数理モデル（シンプルな輸送の問題（再掲））

- 非負変数：工場と倉庫間ごとの輸送量
- 目的関数：輸送費の単価と輸送量の内積 → 最小化
- 制約条件：
  - 工場ごとに、輸送量の和が出荷可能量以下
  - 倉庫ごとに、輸送量の和が需要量に等しい

ここではデータとして図8.2.1と表8.2.1を使います。出荷可能量と需要量は、それぞれ工場ごとと倉庫ごとになっています。ここでは便宜上、単位は無視してください。

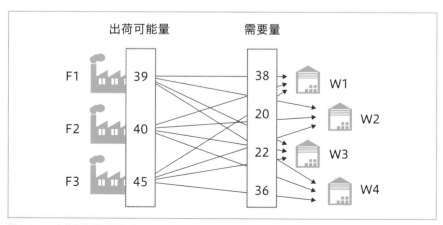

図8.2.1：出荷可能量と需要量

表8.2.1：輸送費の単価

倉庫 工場	W1	W2	W3	W4
F1	19	12	13	18
F2	14	12	18	12
F3	15	16	15	10

　コードはリスト8.2.1のようになります。輸送費の単価はリストのリストにしているので、i + 1番目の工場からj + 1番目の倉庫への輸送費の単価は、cost[i][j]になります。

リスト8.2.1：データの準備

| In |

```
num_factory = 3  # 工場数
num_warehouse = 4  # 倉庫数
supply = [39, 40, 45]  # 出荷可能量
demand = [38, 20, 22, 36]  # 需要量
cost = [  # 輸送費の単価
    [19, 12, 13, 18],
    [14, 12, 18, 12],
    [15, 16, 15, 10],
]
```

　モデルのコードはリスト8.2.2のようになります。本節最初の数理モデルと対応していることを確認してください。
　ここでは、工場と倉庫間ごとの輸送量として、変数の2次元配列を使います。この配列の形状は、(num_factory, num_warehouse)です。1つ目の軸が工場に、2つ目の軸が倉庫に対応します。つまり、i + 1番目の工場からj + 1番目の倉庫への輸送量は、x[i, j]になります[1]。

----

[1] add_var_tensor()については4.2節「変数ベクトルの作成」を参照してください。

　目的関数の式は、xsum((cost * x).flat) とシンプルに書けます。また工場ごとの輸送量はxsum(x[i])と、倉庫ごとの輸送量はxsum(x[:, j])と、書けます[2]。

リスト8.2.2：モデルの作成

```
In
```

```python
from mip import Model, minimize, xsum


m = Model()
# 工場と倉庫間ごとの輸送量
x = m.add_var_tensor((num_factory, num_warehouse), "x")
# 輸送費の単価と輸送量の内積 → 最小化
m.objective = minimize(xsum((cost * x).flat))


for i in range(num_factory):
    # 工場ごとに、輸送量の和が出荷可能量以下
    m += xsum(x[i]) <= supply[i]


for j in range(num_warehouse):
    # 倉庫ごとに、輸送量の和が需要量に等しい
    m += xsum(x[:, j]) == demand[j]
```

　ソルバーを実行して、結果を確認してみましょう（リスト8.2.3）。変数の多次元配列xは2次元ですが、変数ベクトルと同じようにastype()で変数の値を取得できます。

---

[2] 内積やflatやスライスについては6.5節「2次元配列の便利機能」を参照してください。

リスト8.2.3：最適化の実行と結果の確認

```
In
m.verbose = 0
m.optimize()
if m.status.value == 0:
    print("目的関数の値")
    print(m.objective_value)
    print("工場と倉庫間ごとの輸送量")
    print(x.astype(float, subok=False))
```

```
Out
目的関数の値
1419.0
工場と倉庫間ごとの輸送量
[[ 0. 17. 22.  0.]
 [37.  3.  0.  0.]
 [ 1.  0.  0. 36.]]
```

目的関数の値が1419.0になりました。

また、工場と倉庫間ごとの輸送量も求められました。この出力は、表8.2.2を意味しています。たとえば、値の1行目の2列目の17は、1番目の工場（F1）から2番目の倉庫（W2）への輸送量です。

表8.2.2：工場と倉庫間ごとの輸送量

倉庫 工場	W1	W2	W3	W4
F1	0	17	22	0
F2	37	3	0	0
F3	1	0	0	36

また、非ゼロの要素が6個なので、図8.2.2の矢印の箇所だけ輸送が行われます。

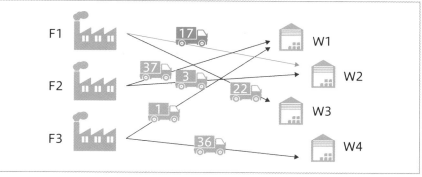

図8.2.2：工場と倉庫間ごとの輸送量

モデル自体はシンプルですが、結果が出ることが確認できました。

まとめ

輸送費の最小化の手順と要素

- データの準備（出荷可能量、需要量、輸送費の単価）
- モデルの作成（変数の2次元配列、内積、flat、スライス）
- 最適化の実行と結果の確認（astype(float, subok=False)）

コラム

本問のような問題はよく現れるため、より一般化して最小費用流問題という名前がついています。

ただし、本来の最小費用流問題では、経路ごとに容量（輸送量の上限）を考慮します。本問では「経路ごとの容量」は変数xに対応します。仮に経路の容量（edge_capacity）が与えられたとすると、それを変数の上限に設定するには次のように記述します。

経路の容量の考慮

```
for i in range(num_factory):
    for j in range(num_warehouse):
        x[i, j].ub = edge_capacity[i][j]
```

8.3 積載率が低い!

PyQのURL https://pyq.jp/quests/mo_intro_truck_03/

8.2節「費用は削減されたのか?」では、工場と倉庫間ごとの輸送量は、表8.3.1のようになりました。

表8.3.1:工場と倉庫間ごとの輸送量(再掲)

倉庫 工場	W1	W2	W3	W4
F1	0	17	22	0
F2	37	3	0	0
F3	1	0	0	36

この結果について運行計画担当者に意見を聞いたところ、「一部の便で積載率が低い」といわれました。便とは、「ある工場からある倉庫への、車両1台による1回の輸送」のことです。

車両容量を確認すると、5でした。これは、車両1台の1回の最大輸送量が、5ということです。輸送量が17の場合は、17 / 5 = 3.4を切り上げて4回で運ぶことになります。

輸送量が1の場合は1回で運べますが、積載率は1 / 5で20%になります。80%は空気を運んでいることになり、効率がよいとはいえないですね。改善するには、どのように考えればいいでしょうか?

ある便の積載率が20%でも100%でも、ドライバーの稼働時間は大きく違わないでしょう。そこで、目的関数を表8.3.2のように変えてみましょう。

表8.3.2：目的関数の変更

	変更前	変更後
目的関数	輸送費の量あたりの単価と輸送量の内積の最小化	輸送費の便あたりの単価[3]と便数の内積の最小化

　便数はこれまでのモデルになかったので、新たに変数が必要です。便は、1便、2便と数えるものなので整数変数とします。また、工場と倉庫間ごとに考えるので、変数 x と同じ形状の2次元配列 y として追加します。2次元配列なので、i + 1番目の工場から j + 1番目の倉庫への便数は y[i, j] です。

　この便数 y[i, j] の下限は、「輸送量 x[i, j] を車両容量 capacity（値は5）で割った値」になります。そして、便数は整数なので、Python の切り上げの関数 ceil() を使って次のように決まります。

便数は下限を切り上げた値になる

```
from math import ceil

y[i, j] = ceil(x[i, j] / capacity)  # 下限を切り上げた値
```

　残念なことに、線形最適化では ceil() のような一般的な関数を使えません。
　しかし、「ある前提」が満たされていれば、ceil() を使わなくても次のように表現できます。

便数を表現する制約条件

```
m += y[i, j] >= x[i, j] / capacity
```

　「ある前提」とは次のことです。この前提は、表8.3.2の変更そのものですから満たされています。

● 最小化する目的関数に y[i, j] が入っていること

---

[3]「輸送費の便あたりの単価」は、「輸送費の量あたりの単価」に「車両容量の9割」を掛けて丸めた値とします。

前提によって y[i, j] を最小化すると、下限以上の最小の整数になります。これは、下限を切り上げた値です。

数理モデル（便数を追加したモデル）

ここまでをまとめると、便数を追加したモデルは次のようになります。括弧付きが変更箇所です。以降では「輸送費の便あたりの単価」を「輸送費の便単価」とします。

数理モデル（輸送の問題 - 便数）

- 変数：
  - 非負変数 x：工場と倉庫間ごとの輸送量
  - 整数変数 y：工場と倉庫間ごとの便数（追加）
- 目的関数：輸送費の便単価と便数の内積 → 最小化（修正）
- 制約条件：
  - 工場と倉庫間ごとに、便数が「輸送量 / 車両容量」以上（追加）
  - 工場ごとに、輸送量の和が出荷可能量以下
  - 倉庫ごとに、輸送量の和が需要量に等しい

このモデルは、整数変数があるので、混合整数最適化になります。

Python で記述するとリスト 8.3.1 のようになります。変数の 2 次元配列 y の形状（shape）は、x の形状と同じです。このようなとき、y = m.add_var_tensor(x.shape, ...) のように作成できます。

求解して、工場と倉庫間ごとの輸送量と便数を確認してみましょう。

リスト8.3.1：便数を追加したモデル

| In |

```
from mip import Model, minimize, xsum


capacity = 5   # 車両容量
num_factory = 3   # 工場数
num_warehouse = 4   # 倉庫数
supply = [39, 40, 45]   # 出荷可能量
demand = [38, 20, 22, 36]   # 需要量
cost = [   # 輸送費の便単価
    [86, 54, 58, 81],
    [63, 54, 81, 54],
    [68, 72, 68, 45],
]


m = Model()
# 工場と倉庫間ごとの輸送量
x = m.add_var_tensor((num_factory, num_warehouse), "x")
y = m.add_var_tensor(x.shape, "y", var_type="I")
# 輸送費の便単価と便数の内積 → 最小化
m.objective = minimize(xsum((cost * y).flat))


for i in range(num_factory):
    for j in range(num_warehouse):
        # yを便数の下限で抑える
        m += y[i, j] >= x[i, j] / capacity


for i in range(num_factory):
    # 工場ごとに、輸送量の和が出荷可能量以下
    m += xsum(x[i]) <= supply[i]


for j in range(num_warehouse):
```

```
        # 倉庫ごとに、輸送量の和が需要量に等しい
        m += xsum(x[:, j]) == demand[j]

m.verbose = 0
m.optimize()
if m.status.value == 0:
    val_x = x.astype(float, subok=False)  # 輸送量
    val_y = y.astype(float, subok=False)  # 便数
    print("工場と倉庫間ごとの輸送量")
    print(val_x)
    print("工場と倉庫間ごとの便数")
    print(val_y)
```

| Out |

```
工場と倉庫間ごとの輸送量
[[ 0. 15. 22.  0.]
 [33.  5.  0.  0.]
 [ 5.  0.  0. 36.]]
工場と倉庫間ごとの便数
[[0. 3. 5. 0.]
 [7. 1. 0. 0.]
 [1. 0. 0. 8.]]
```

　工場F1（1行目）から倉庫W3（3列目）への輸送量は22であり、便数は5です。また、この便数は下限（22 / 5 = 4.4）を切り上げた値になっています。

積載率の確認

　続いて、積載率を計算しましょう。工場F1から倉庫W3には5便必要ですが、各便の輸送量は求めていません。ここでは、各便の輸送量は平均して運ぶことにします。この平均輸送量は、「輸送量 / 便数」です。また、平均輸送量を車両容量で割った値を平均積載率とします。以降では積載率ではなく平均積載率を

考えます。

　工場と倉庫間ごとの平均積載率を1つの式でまとめると次式になります。

⬡ 工場と倉庫間ごとの平均積載率

平均積載率 ＝ 輸送量 / 便数 / 車両容量

　リスト8.3.1で確認したように、便数にはゼロが含まれています。そのため、このまま計算するとゼロ割りになってしまいます。そこで、輸送量（val_x）と便数（val_y）から、非ゼロ要素だけ抜き出しましょう。便数が非ゼロ要素だけ抜き出すには、リスト8.3.2のようにします[4]。val_xとval_yを同じように抜き出すために、両方の条件をval_y > 0.5で揃えています。

リスト8.3.2：非ゼロの要素の絞り込み

```
In
val_x1 = val_x[val_y > 0.5]
val_y1 = val_y[val_y > 0.5]
print(val_x1)
print(val_y1)
```

```
Out
[15. 22. 33.  5.  5. 36.]
[3. 5. 7. 1. 1. 8.]
```

　ゼロの要素が除外されるので、val_x は2次元配列ではなく1次元配列になります[5]。その結果、行と列の情報が失われ「どこからどこに運ぶか」がわからなくなりますが、ここでは平均積載率の値だけ確認したいのでこのまま計算を進めます。リスト8.3.3のように平均積載率を確認します。

----

[4] 絞り込みの方法については、6.5節「2次元配列の便利機能」を参考にしてください。
[5] 2次元配列を保つ方法については、本節最後のコラムを参照してください。

リスト8.3.3：工場と倉庫間ごとの平均積載率

| In |

```
print(val_x1 / val_y1 / capacity)
```

| Out |

```
[1.         0.88       0.94285714 1.         1.         0.9       ]
```

すべての平均積載率が88%以上になり、平均積載率が向上しました。

最後に、目的関数の値を確認します（リスト8.3.4）。

リスト8.3.4：目的関数の値

| In |

```
print(m.objective_value)
```

| Out |

```
1375.0
```

目的関数の値が1375.0になりました。

まとめ

便数を組み込むことで、平均積載率の向上を期待できます。便数を組み込むには、次のようにモデルを変更します。

- 「工場と倉庫間ごとの便数」を表す整数変数の追加
- 「輸送費の便単価と便数の内積の最小化」に目的関数を変更
- 「工場と倉庫間ごとに、便数が『輸送量 / 車両容量』以上」の制約条件の追加

本章を通して、輸送費用最小化の問題解決の簡単な流れを体験しました。

- 課題から輸送費用最小化のモデル作成
- シンプルなモデルの求解と結果の検証
- 積載率を上げる方法

モデルの修正の目的は効果を出すことです。モデルは複雑になりやすいですが、やりすぎないように注意しましょう。複雑すぎるモデルはいずれ使われなくなります。

コラム

平均積載率の計算では、2次元配列の絞り込みをして1次元配列で確認しました。ここでは2次元配列のまま平均積載率を確認する方法を紹介します。

ゼロの要素を取り除くと2次元配列の構造を維持できません。そこで、取り除くのではなく別の値に置き換えます。

別の値に置き換えるには、構文8.3.1のようにnumpy.where()を使います。条件が成立するときは値1を、成立しないときは値2を返します。通常、値1と値2には同じ形状の多次元配列を指定しますが、片方は数値であっても構いません。

構文8.3.1：条件で値を選択

```
numpy.where(条件, 値1, 値2)
```

ゼロ割りが起きるときは分子も分母も0なので、分母になる値は0以外の何でもいいのですが、ここでは1とします。具体的にval_yの0を1で置き換えるには、リスト8.3.5のようにします。

リスト8.3.5：0を1で置き換え

In

```
import numpy as np

val_y2 = np.where(val_y > 0.5, val_y, 1)
print(val_y2)
```

Out

```
[[1. 3. 5. 1.]
 [7. 1. 1. 1.]
 [1. 1. 1. 8.]]
```

積載率を2次元配列で確認してみましょう（**リスト8.3.6**）。

リスト8.3.6：平均積載率の2次元配列

| In |

```
print(val_x / val_y2 / capacity)
```

| Out |

```
[[0.         1.         0.88       0.        ]
 [0.94285714 1.         0.         0.        ]
 [1.         0.         0.         0.9       ]]
```

輸送していないところは val_x が0なので、0で出力されています。

第 **9** 章

もっと食べたくなる献立を

献立の計画を課題に、モデルの作成方法やその改善方法を学びます。具体的には、栄養素の考慮や偏りの禁止などを通し、制約条件の改善プロセスや解が出ない場合の対処法などについて学びます。

9.1 … 献立どうしよう？

PyQのURL https://pyq.jp/quests/mo_intro_menu_01/

本章では、献立の計画を立てていきます。

日々の献立を考えるのは、なかなか大変です。料理のレシピサイトにはたくさんのレシピがありますが、選ぶのも一苦労です。今回は、数理最適化でいろいろな観点から献立の計画を作っていきます。

図9.1.1：献立どうしよう？

課題

5食分の献立を決めてください（5つの献立はすべて異なること）。
まずは、費用が最小になるようにしてください。

考え方

新しい献立を考えるのは大変です。そこで、あらかじめ献立の候補をたくさん用意して、その中から選ぶことにしましょう。

候補の作り方としては、本やWebサイトから取得する方法などが考えられます。また、似たような献立を統合したり、2〜3人前を1人前に変更したりな

ど修正が必要なこともあります。今回は、あらかじめ用意されているCSVを使うことにします。1行が1食分の献立です。

⋮⋮ input/menu.csv

```
Name,Cost,Liking,Calorie,Fat,Protein
焼肉サラダ,489,6,625,15,18
とんこつラーメン,379,4,408,10,12
カレーハンバーグ,395,7,431,12,13
...
```

列名	意味
Name	名前
Cost	費用（円）
Liking	好み
Calorie	カロリー
Fat	脂肪
Protein	タンパク質

今回使うCSVの列は、献立候補の名前（Name）と費用（Cost）です。

数理モデルは、次の混合整数最適化になります。献立を5つ選ぶので、制約条件は「選択候補数が5」です。

数理モデル（献立の問題）

- 0-1変数：候補を選ぶかどうか
- 目的関数：選択候補の費用 → 最小化
- 制約条件：選択候補数が5

Pythonでモデル作成

ここからは、Pythonでモデルを作成しましょう。まずは、CSVを読み込みます。

標準ライブラリのcsvの関数reader()を使って、カンマ区切りのファイルから2次元のデータを作成します。この2次元のデータをlist()でリストのリストにします。ここでは、さらに2次元配列に変換して_csvとします（リスト9.1.1）。

リスト9.1.1：CSVの読み込み

```
In
```
```
import csv
import numpy as np

with open("input/menu.csv") as fp:
    _csv = np.array(list(csv.reader(fp)))


print(_csv[:4])  # 先頭4行
```

```
Out
```
```
[['Name' 'Cost' 'Liking' 'Calorie' 'Fat' 'Protein']
 ['焼肉サラダ' '489' '6' '625' '15' '18']
 ['とんこつラーメン' '379' '4' '408' '10' '12']
 ['カレーハンバーグ' '395' '7' '431' '12' '13']]
```

　次に、読み込んだCSVのデータ（_csv）から、必要な列を扱いやすい形で抽出します。ここでは、1列目の献立名を変数menusに、2列目以降をdataに格納することにします[1]。

　献立名が入るmenusは、リスト9.1.2のように取得します。_csvの1行目はヘッダーなので、_csv[1:, 0]のように2行目以降の1列目を取得します。

リスト9.1.2：献立名の作成

```
In
```
```
menus = _csv[1:, 0]  # 献立名
menus
```

----

[1] このように変数を分けているのは、1列目が文字列で、2列目以降が整数だからです。

Out

```
array(['焼肉サラダ', 'とんこつラーメン', 'カレーハンバーグ', （中略）
      '野菜ラーメン', '野菜ハンバーグ'], dtype='<U9')
```

2列目以降が入る data は、列名をキーとする辞書として作ります。辞書の値は astype(int) で要素を整数に変換します（リスト9.1.3）。

リスト9.1.3：列名をキーとする辞書の作成

In

```
data = {}  # 列名をキーとする辞書
for i, column in enumerate(_csv[0, 1:]):
    data[column] = _csv[1:, i + 1].astype(int)

data
```

Out

```
{'Cost': array([489, 379, 395, ...]),
 'Liking': array([6, 4, 7, ...]),
 'Calorie': array([625, 408, 431, ...]),
 'Fat': array([15, 10, 12,  ...]),
 'Protein': array([18, 12, 13, ...])}
```

数理モデルを作成し、ソルバーを実行し解いてみます。

0-1変数ベクトルは、構文9.1.1 のように作成します。詳しくは、5.1節「混合整数最適化とは」を参照してください。

構文9.1.1：0-1変数ベクトルの作成

```
add_var_tensor((個数,), 変数名, var_type="B")
```

menus は1次元配列なので、menus[val > 0.5] は最適解が1の献立名になります（リスト9.1.4）。また、費用の :.0f は小数点以下を丸める指定です。

リスト9.1.4：費用最小の献立

| In |

```python
from mip import Model, minimize, xsum

m = Model()
# 候補を選ぶかどうか
x = m.add_var_tensor((len(menus),), "x", var_type="B")
# 選択候補の費用
m.objective = minimize(xsum(data["Cost"] * x))

# 選択候補数が5
m += xsum(x) == 5
m.verbose = 0
m.optimize()
if m.status.value == 0:
    val = x.astype(float, subok=False)
    # 選択した献立名
    print(menus[val > 0.5])
    print(f"費用 {m.objective_value:.0f}円")
```

| Out |

```
['野菜うどん' 'カレーうどん' 'サラダうどん' 'なべうどん' 'サラダスパゲッティ']
費用 1197円
```

　費用最小の献立は「野菜うどん、カレーうどん、サラダうどん、なべうどん、サラダスパゲッティ」で、費用が1197円になりました。この数理モデルは費用しか考えていませんが、以降で改善します。

もっと食べたくなる献立を

まとめ

問題から数理モデルを作成し結果を出力するには

- 献立計画の問題について方針を考え、数理モデルを作成する
- Pythonで実行する
  - CSVの読み込み
  - データを辞書に加工
  - 費用最小化の数理モデルの作成とソルバーの実行
  - 結果出力

コラム

本問の数理モデルは費用しか考えていないので、列Costの小さい順に5つ取得すれば（順序は異なりますが）リスト9.1.5のように同じ解が得られます[2]。

リスト9.1.5：Costの小さい順に献立名を5個表示

| In |

```
print(menus[np.argpartition(data["Cost"], 5)[:5]])
```

| Out |

```
['カレーうどん' '野菜うどん' 'なべうどん' 'サラダうどん' ➡
'サラダスパゲッティ']
```

しかし、このあとの節で問題に条件を追加していくので、最初から数理モデルを使って解いています。
このように、数理モデルによるアプローチは、問題の変更に対応しやすいという特徴があります。

---

[2] np.argpartition(data["Cost"], 5)[:5] は、列Costが小さい順の5つのインデックスです。

9.2 … 栄養が足りない！

PyQのURL https://pyq.jp/quests/mo_intro_menu_02/

9.1節「献立どうしよう？」では、費用が最小になる次の献立を選びました。

☀️ 費用最小の献立

['野菜うどん''カレーうどん''サラダうどん''なべうどん''サラダスパゲッティ']

この結果について栄養士に意見を聞いたところ、「タンパク質が足りない」といわれました。

そこで、選択した献立のタンパク質の合計が下限以上になるように、モデルを変更しましょう。

献立に含まれるタンパク質は、CSVの列Proteinが使えます。

5食分のタンパク質の下限は、栄養士に確認したところ80でした。ここでは便宜上、単位は無視してください。

CSVの内容の辞書をdataとし、変数をxとします。

このとき、選択した献立のタンパク質の和は、xsum(data["Protein"] * x)になります。

したがって、タンパク質の下限の制約条件は、次のようになります。

☀️ タンパク質の下限の制約条件

```
m += xsum(data["Protein"] * x) >= 80
```

データの読み込みから結果出力までのコードは、リスト9.2.1のようになります。

リスト9.2.1：タンパク質を考慮して費用最小化

```
In

import csv
import numpy as np
```

```
from mip import Model, minimize, xsum

with open("input/menu.csv") as fp:
    _csv = np.array(list(csv.reader(fp)))

menus = _csv[1:, 0]  # 献立名
data = {}  # 列名をキーとする辞書
for i, column in enumerate(_csv[0, 1:]):
    data[column] = _csv[1:, i + 1].astype(int)

m = Model()
# 候補を選ぶかどうか
x = m.add_var_tensor((len(menus),), "x", var_type="B")
# 選択候補の費用
m.objective = minimize(xsum(data["Cost"] * x))

# 選択候補数が5
m += xsum(x) == 5
# タンパク質が80以上（追加）
m += xsum(data["Protein"] * x) >= 80
m.verbose = 0
m.optimize()
if m.status.value == 0:
    val = x.astype(float, subok=False)
    print(menus[val > 0.5])
    print(f"費用 {m.objective_value:.0f}円")
```

| Out |

```
['焼肉サラダ' '豆腐ハンバーグ' '魚ハンバーグ' '魚ステーキ' 'とんかつステーキ']
費用 2258円
```

　前節から、ハンバーグやステーキなどのタンパク質の多い献立が増えました。それにともない、費用も1197円から2258円に増えています。

早速、結果を栄養士に確認したところ、今度は「脂肪が多い」といわれました。

　タンパク質の多い肉類は脂肪も多いようです。脂肪が上限以下になるようにしましょう。

　脂肪は、CSVの列 **Fat** が使えます。5食分の脂肪の上限は60とします。

　制約条件を追加して再実行してみましょう（リスト9.2.2）。

リスト9.2.2：脂肪を考慮して費用最小化

| In |

```
# 脂肪が60以下（追加）
m += xsum(data["Fat"] * x) <= 60
m.optimize()
```

| Out |

```
<OptimizationStatus.INFEASIBLE: 1>
```

　INFEASIBLEと表示されました。実行不可能（解が存在しない）ということです。

　実務で数理モデルが「実行不可能」になることは、ときどきあります。この対応は次の節で行います。

まとめ

栄養素を考慮するための変更方法

- タンパク質の下限を守るように制約条件を追加
- 脂肪の上限を守るように制約条件を追加

9.3 … 答えが出ない！

PyQのURL https://pyq.jp/quests/mo_intro_menu_03/

9.2節「栄養が足りない！」では、結果が「実行不可能」になりました。これは「すべての制約条件を満たすことはできない」ことを意味します。

ここでは、制約条件を緩めて解が出るようにしましょう。今回の制約条件は、次の3つです。

1. 選択候補数が5
2. タンパク質が80以上
3. 脂肪が60以下

献立は5食分なので、1番目の条件は絶対条件です。

また、タンパク質不足より脂肪が多い方が気になるので、ある程度のタンパク質不足を認めることにしましょう。

制約条件を緩めるには次のようにします。

:∴: 制約条件を緩める

（変更前）

```
m += xsum(data["Protein"] * x) >= 80
```

（変更後）

```
y = m.add_var("y")
m += xsum(data["Protein"] * x) + y >= 80
```

ここでyは不足分を意味する非負変数です。たとえば、タンパク質が3足りなくても、yを3にすることで制約条件が満たされます。

yはなるべく小さくしたいので、目的関数を次のようにします。目的関数をわかりやすくするために、costに費用の一次式を入れています。

目的関数の変更

（変更前）
```
m.objective = minimize(xsum(data["Cost"] * x))
```

（変更後）
```
cost = xsum(data["Cost"] * x)
m.objective = minimize(cost + 1000 * y)
```

1000は制約条件を満たさない度合いに対するペナルティです。ペナルティが小さいと不足分は大きく、ペナルティが大きいと不足分は小さくなる傾向があります。一般的なペナルティは、次に説明するように決めますが、ここでは1000とします。

一般的なペナルティの決め方

ペナルティを決めるために、いくつかの値で実行してみてあたりをつけましょう。このとき、細かく変更しすぎても意味がないことが多いです。一般にペナルティの変更だけで解を調整することは困難です。解を調整したい場合は、制約条件を変更する方が望ましいです。

また、ペナルティが大きすぎると、おかしな解になることがあるので注意しましょう。

ペナルティを考慮して費用最小化したコードは、リスト9.3.1のようになります。

リスト9.3.1：ペナルティを考慮して費用最小化

| In |

```
import csv
import numpy as np
from mip import Model, minimize, xsum


with open("input/menu.csv") as fp:
    _csv = np.array(list(csv.reader(fp)))
```

```
menus = _csv[1:, 0]  # 献立名
data = {}  # 列名をキーとする辞書
for i, column in enumerate(_csv[0, 1:]):
    data[column] = _csv[1:, i + 1].astype(int)


m = Model()
# 候補を選ぶかどうか
x = m.add_var_tensor((len(menus),), "x", var_type="B")
# タンパク質の不足分（追加）
y = m.add_var("y")
cost = xsum(data["Cost"] * x)
# タンパク質不足を考慮した費用（修正）
m.objective = minimize(cost + 1000 * y)


# 選択候補数が5
m += xsum(x) == 5
# タンパク質が80以上（修正）
m += xsum(data["Protein"] * x) + y >= 80
# 脂肪が60以下
m += xsum(data["Fat"] * x) <= 60
m.verbose = 0
m.optimize()
if m.status.value == 0:
    val = x.astype(float, subok=False)
    print(f"タンパク質の不足分 {y.x}")
    f = xsum(data["Fat"] * x)
    print(f"脂肪 {f.x}")
    print(menus[val > 0.5])
```

| Out |

タンパク質の不足分 5.0

脂肪 60.0

['焼肉サラダ' '豆腐ハンバーグ' '和風ステーキ' 'サラダステーキ' '野菜ハンバーグ']

　タンパク質の不足分を5.0とすることで、脂肪の上限の制約条件を満たす解が得られました [3]。

まとめ

- 不等式を緩めるには、不足している方（今回は左辺）に非負変数を追加する
- その非負変数にペナルティを掛けて最小化する目的関数に追加する
  - ペナルティが大きすぎると、うまく解けないことがある

[3] 本節の目的関数はペナルティが入っているため、前節の目的関数と比べることはできません。

9.4 … お気に入りの献立を！

PyQのURL https://pyq.jp/quests/mo_intro_menu_04/

9.3節「答えが出ない！」では、栄養素を考慮した次の献立を選びました。

⋯ 栄養素を考慮した献立

['焼肉サラダ' '豆腐ハンバーグ' '和風ステーキ' 'サラダステーキ' '野菜ハンバーグ']

しかし、栄養素だけ考慮するのも味気ありません。本節では、お気に入りの献立が選ばれやすくなるようにしましょう。お気に入りに一般的な指標はありませんが、ここでは「好み」を使うこととします。

好みは、CSVの列Likingが使えるとします。「選択した献立の好みの和に係数を掛けたもの」を目的関数に追加すれば、好みを考慮できそうです。

好みの値は大きいほど好ましいことを意味していますが、今回の目的関数は最小化です。そのため、好みの係数は負にします。負にすることで、好みの値が大きいと目的関数が小さくなります。また、好みの影響をペナルティの1000より弱めにしたいので-300とします。

修正すると、リスト9.4.1のようになります。

リスト9.4.1：好みを考慮して費用最小化

```
In

import csv
import numpy as np
from mip import Model, minimize, xsum


with open("input/menu.csv") as fp:
    _csv = np.array(list(csv.reader(fp)))


menus = _csv[1:, 0]  # 献立名
```

```python
data = {}  # 列名をキーとする辞書
for i, column in enumerate(_csv[0, 1:]):
    data[column] = _csv[1:, i + 1].astype(int)

m = Model()
# 候補を選ぶかどうか
x = m.add_var_tensor((len(menus),), "x", var_type="B")
# タンパク質の不足分
y = m.add_var("y")
cost = xsum(data["Cost"] * x)
liking = xsum(data["Liking"] * x)
# 費用と好みとタンパク質の不足分を考慮（修正）
m.objective = minimize(cost - 300 * liking + 1000 * y)

# 選択候補数が5
m += xsum(x) == 5
# タンパク質が80以上
m += xsum(data["Protein"] * x) + y >= 80
# 脂肪が60以下
m += xsum(data["Fat"] * x) <= 60
m.verbose = 0
m.optimize()
if m.status.value == 0:
    val = x.astype(float, subok=False)
    print(f"タンパク質の不足分 {y.x}")
    f = xsum(data["Fat"] * x)
    print(f"脂肪 {f.x}")
    print(menus[val > 0.5])
```

812

| Out |

タンパク質の不足分 6.0

脂肪 59.0

['焼肉サラダ' 'カレーハンバーグ' '豆腐ハンバーグ' '和風ステーキ' '野菜ハンバーグ']

　前節と比べてタンパク質の不足分が1増えましたが、サラダステーキが一番好みのカレーハンバーグに変わりました。

まとめ

複数の項目で最適化したい場合は、重みを掛けた和を目的関数に設定する方法があります。

今回設定した項目と重み

- 費用：1（基準のため1）
- タンパク質不足分：1000（効果を強めるため大きくする）
- 好み：-300（絶対値を1000より小さくし、逆向きのため負にする）

コラム

目的関数の複数項目の重みは、同じ単位（たとえば日本円など）に揃えられるのであれば揃えましょう。

本節の目的関数の項目は、費用と好みと栄養素不足のペナルティなので、単位を揃えられません。

揃えられない場合は、数字を変えて結果を見て調整しましょう。一般に、重みを変えて結果を細かくコントロールすることは困難です。そのため、重みは経験と勘で決めることが多いです。結果をコントロールしたい場合は、制約条件を追加する方が簡単です。

また、ソルバーの内部では、何度も反復計算を行っています。そのとき、更新時の値の差が小さいと「結果が収束した」と判断して計算を終了します。そのため、重みの絶対値が大きすぎたり小さすぎたりすると、途中で計算が止まっておかしな結果になることがあります。

9.5 … 飽きのこない献立を！

PyQのURL https://pyq.jp/quests/mo_intro_menu_05/

9.4節「お気に入りの献立を！」では、好みを考慮した次の献立を選びました。

好みを考慮した献立

['焼肉サラダ' 'カレーハンバーグ' '豆腐ハンバーグ' '和風ステーキ' '野菜ハンバーグ']

しかし、好きなものばかりだと似たような献立になり、飽きやすくなるでしょう。今回は5品中3品がハンバーグです。

ハンバーグが2品以下になるように制約条件を追加しましょう。

数理モデル

数理モデルは次のようになります。

数理モデル（献立の問題 - ハンバーグ2品）

- 変数：
  - 0-1変数 x：候補を選ぶかどうか
  - 非負変数 y：タンパク質不足分
- 目的関数：「費用 − 300 ＊ 好み ＋ 1000 ＊ タンパク質不足分」の合計 → 最小化
- 制約条件：
  - 選択候補数が5
  - 脂肪の合計が60以下
  - 「タンパク質の合計＋タンパク質不足分」が80以上
  - 名前に「ハンバーグ」を含む献立が2つまで（追加）

Pythonでモデル作成

追加する制約条件の考え方としては、名前に「ハンバーグ」を含む変数を抜き出し、その合計を2以下にします。

「名前と対応する変数」を取得するには、次のように zip(献立名の配列, 変数の配列) を for で繰り返します。

⋰⋱ ハンバーグが2品以下

```
x_hamburg = []   # 名前に「ハンバーグ」を含む変数のリスト

for menu, x_i in zip(menus, x):
    if "ハンバーグ" in menu:
        x_hamburg.append(x_i)


m += xsum(x_hamburg) <= 2
```

この制約条件を追加して実行すると、リスト9.5.1のようにハンバーグが2品になります。

リスト9.5.1：ハンバーグが2品以下を考慮して費用最小化

```
In
```

```
import csv

import numpy as np

from mip import Model, minimize, xsum


with open("input/menu.csv") as fp:
    _csv = np.array(list(csv.reader(fp)))


menus = _csv[1:, 0]   # 献立名
data = {}   # 列名をキーとする辞書
for i, column in enumerate(_csv[0, 1:]):
    data[column] = _csv[1:, i + 1].astype(int)


m = Model()
```

```python
# 候補を選ぶかどうか
x = m.add_var_tensor((len(menus),), "x", var_type="B")
# タンパク質の不足分
y = m.add_var("y")
cost = xsum(data["Cost"] * x)
liking = xsum(data["Liking"] * x)
# 費用と好みとタンパク質の不足分を考慮
m.objective = minimize(cost - 300 * liking + 1000 * y)


# 選択候補数が5
m += xsum(x) == 5
# タンパク質が80以上
m += xsum(data["Protein"] * x) + y >= 80
# 脂肪が60以下
m += xsum(data["Fat"] * x) <= 60
# ハンバーグが2品以下（追加）
x_hamburg = []  # 名前に「ハンバーグ」を含む変数のリスト
for menu, x_i in zip(menus, x):
    if "ハンバーグ" in menu:
        x_hamburg.append(x_i)


m += xsum(x_hamburg) <= 2
m.verbose = 0
m.optimize()
if m.status.value == 0:
    val = x.astype(float, subok=False)
    print(f"タンパク質の不足分 {y.x}")
    f = xsum(data["Fat"] * x)
    print(f"脂肪 {f.x}")
    print(menus[val > 0.5])
```

| Out |

タンパク質の不足分 7.0

脂肪 60.0

['焼肉サラダ' 'とんこつラーメン' 'カレーハンバーグ' '豆腐ハンバーグ' '魚ステーキ']

　ハンバーグは、前節の3品から2品に減りました。

まとめ

　ある条件の解の個数を制限したい場合は、該当の0-1変数の和を制限する制約条件を追加します。

　本章を通して、献立計画作成の問題解決の簡単な流れを体験しました。

- 献立の費用最小化のモデル作成
- 必要栄養素を制約条件として追加
- 解が出ない場合の制約条件の緩め方
- 目的関数に好みの項目を追加
- 特定の献立を2品以下にする制約条件の追加

　新たにやりたいことを実現するために、制約条件を追加したり目的関数の項目を増やしたりしました。

　制約条件を使うと、直接的に結果を調整できますが、修正に手間がかかります。また、場合によっては解が出なくなることもあります。

　目的関数を使うと、修正は容易ですが、（一般には）思った通りの結果を出すのが難しいです。

第 **10** 章

お酒をわけよう

試飲会におけるお酒の銘柄の振り分け方を課題を通して、モデルの作成方法やその改善方法を学びます。具体的な改善として、公平さを考慮した解の調整や多目的最適化に取り組みます。

10.1 試飲会開催！

PyQのURL https://pyq.jp/quests/mo_intro_party_01/

本章では、酒蔵が主催する試飲会で使うお酒を選んでいきます。

試飲会は、東京と大阪の2会場で同時に開催します。今回は、お酒の銘柄ごとにどちらの会場で提供するかを、数理最適化で決めていきます。

課題

東京と大阪で試飲会を開くことになりました。試飲会では銘柄リストの銘柄ごとに、どちらかの会場に提供されます。

提供にあたっては、後述する銘柄リストの「参加予定者に事前集計した飲みたいお酒のアンケートの得点」を参考にします。

今回は、「その会場に提供される銘柄のアンケート得点の和」（以降、得点和）が最大になるように、銘柄をどちらかに振り分けてください（図10.1.1）。

両会場共に提供される銘柄は、あらかじめ銘柄リストから除かれていますので、で、リストの銘柄は必ずどちらかに振り分けてください。

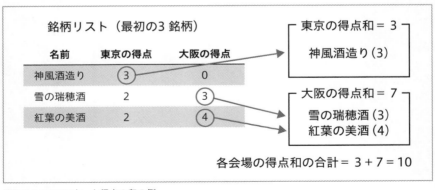

図10.1.1：アンケート得点の和の例

[200]

　銘柄リストは、次のような形式になっています。たとえば、**神風酒造り**のアンケート得点は、東京が3点で大阪が0点になります。なお、列**Tokyo**の合計、および、列**Osaka**の合計は、それぞれ100になるように調整しています。そのため、得点和は「参加予定者のパーセント」と考えてください。

input/party.csv

```
Name,Tokyo,Osaka
神風酒造り,3,0
雪の瑞穂酒,2,3
紅葉の美酒,2,4
...
```

列名	意味
Name	名前
Tokyo	東京のアンケート得点
Osaka	大阪のアンケート得点

考え方

　銘柄ごとに、東京または大阪のどちらで提供するかを選びます。これには0-1変数が使えます。

　ここでは、1が東京を選択、0が大阪を選択とします。全銘柄に対応する変数の集合は、変数ベクトルとします。

　この変数ベクトルをxとすると、各会場の得点和は次のようになります。

得点和

```
# 東京の得点和
xsum(東京のアンケート得点 * x)
# 大阪の得点和
xsum(大阪のアンケート得点 * (1 - x))
```

　大阪を選んだかどうかが1 - xになるところがミソです。

数理モデルは、次の混合整数最適化になります。

数理モデル（試飲会の問題）

- 0-1変数：銘柄ごとに東京を選ぶかどうか
- 目的関数：東京の得点和 + 大阪の得点和 → 最大化
- 制約条件：なし

Pythonでモデル作成

CSVを読み込んで、銘柄の名前のリスト（names）と列名をキーとする辞書（data）を作成します[1]（リスト10.1.1）。

リスト10.1.1：CSVを読み込んで、列名をキーとする辞書の作成

```
In
```

```python
import csv
import numpy as np

with open("input/party.csv") as fp:
    _csv = np.array(list(csv.reader(fp)))

names = _csv[1:, 0]  # 銘柄の名前
data = {}  # 列名をキーとする辞書
for i, column in enumerate(_csv[0, 1:]):
    data[column] = _csv[1:, i + 1].astype(int)

print("銘柄の名前（先頭3つ）")
print(f"  {names[:3]}")
print("アンケート得点（先頭3つ）")
print(f"  {data['Tokyo'][:3] = }")
print(f"  {data['Osaka'][:3] = }")
```

[1] CSVの読み込みについては、9.1節「献立どうしよう？」を参考にしてください。

Out

銘柄の名前（先頭3つ）

['神風酒造り' '雪の瑞穂酒' '紅葉の美酒']

アンケート得点（先頭3つ）

```
data['Tokyo'][:3] = array([3, 2, 2])
data['Osaka'][:3] = array([0, 3, 4])
```

数理モデルを作成し解いてみます（リスト10.1.2）。

リスト10.1.2：得点和の最大化

In

```
from mip import Model, maximize, xsum


m = Model()
n = len(data["Tokyo"])  # 銘柄数
x = m.add_var_tensor((n,), "x", var_type="B")
# 東京の得点和
tokyo = xsum(data["Tokyo"] * x)
# 大阪の得点和
osaka = xsum(data["Osaka"] * (1 - x))
m.objective = maximize(tokyo + osaka)
m.verbose = 0
m.optimize()
if m.status.value == 0:
    val = x.astype(float, subok=False)
    tokyo_names = names[val > 0.5]
    osaka_names = names[val <= 0.5]
    print(f"東京 {tokyo.x} {tokyo_names[:3]}")
    print(f"大阪 {osaka.x} {osaka_names[:3]}")
    print(f"合計 {tokyo.x + osaka.x}")
```

```
| Out |
東京 52.0 ['神風酒造り''月の輝き''大和の誇り']
大阪 84.0 ['雪の瑞穂酒''紅葉の美酒''翡翠の杯']
合計 136.0
```

結果は、表10.1.1のようになりました。

表10.1.1：結果

会場	得点和	選択された銘柄の先頭3つ
東京	52	神風酒造り、月の輝き、大和の誇り
大阪	84	雪の瑞穂酒、紅葉の美酒、翡翠の杯
合計	136	

補足

本問はシンプルな問題なので、銘柄ごとにアンケート得点の大きい方の会場を選べば解けます。

しかし、このあとの節で問題を更新していくので、数理モデルを使って解いています。

> **まとめ**
>
> **試飲会の問題の数理モデル**
>
> - 0-1変数：銘柄ごとに東京を選ぶかどうか
> - 目的関数：東京の得点和 + 大阪の得点和 → 最大化
> - 制約条件：なし

ナップサック問題（0-1変数版）は、アイテムごとに「袋に入れる／入れない」を決めました。

それとは別に、複数の袋があり「i番目の袋に入れる／入れない」を決める問題として、ビンパッキング問題があります[2]。

今回の問題は、2つの袋（東京と大阪）にアイテム（銘柄）を入れる問題なので、ビンパッキング問題に似た問題になります。

ただし「東京を選ぶ／大阪を選ぶ」は「東京を選ぶ／東京を選ばない」と考えられるので、ナップサック問題に似た問題と考える方が自然です。本問の数理モデルは、ナップサック問題の変形になっています。

今回の結果は、東京が52.0、大阪が84.0で、得点和に差がありました。
次は、この得点和の差について考えます。

[2] ビンパッキング問題の目的関数は、袋の数の最小化です。また、ナップサック問題と同様に、容量の制約条件があります。ナップサック問題については、5.6節「ナップサック問題」を参考にしてください。

10.2 公平にしたい

PyQのURL https://pyq.jp/quests/mo_intro_party_02/

前節では、表10.2.1のような結果になりました。

表10.2.1：得点和の結果

会場	得点和	選択された銘柄の先頭3つ
東京	52	神風酒造り、月の輝き、大和の誇り
大阪	84	雪の瑞穂酒、紅葉の美酒、翡翠の杯
合計	136	

前節で説明したようにアンケート得点は参加予定者のパーセントなので、東京開催では52%が選んだ銘柄に、大阪開催では84%が選んだ銘柄になります。

得点和の合計を最大化した結果ですが、東京の得点和が小さいため不公平と感じる人も出るでしょう。ここでは、東京の得点和を増やして不公平感を小さくしましょう。

「東京の得点和を増やす」には、制約条件を追加します。具体的には、52を超えるために「53以上」という制約条件を追加します。

数理モデルは、次のようになります。

数理モデル（試飲会の問題 - 得点和の下限）

- 0-1変数：銘柄ごとに東京を選ぶかどうか
- 目的関数：東京の得点和 + 大阪の得点和 → 最大化
- 制約条件：東京の得点和 ≧ 53（追加）

Pythonでモデル作成

CSVから辞書を作成する部分は、前節から変更なしです（リスト10.2.1）。

リスト10.2.1：CSVを読み込んで、列名をキーとする辞書の作成

| In |

```python
import csv
import numpy as np

with open("input/party.csv") as fp:
    _csv = np.array(list(csv.reader(fp)))

data = {}  # 列名をキーとする辞書
for i, column in enumerate(_csv[0, 1:]):
    data[column] = _csv[1:, i + 1].astype(int)
```

数理モデルを作成し解いてみます（リスト10.2.2）。

リスト10.2.2：東京の和を増やす制約条件を追加して実行

| In |

```python
from mip import Model, maximize, xsum

m = Model()
n = len(data["Tokyo"])  # 銘柄数
x = m.add_var_tensor((n,), "x", var_type="B")
# 東京の得点和
tokyo = xsum(data["Tokyo"] * x)
# 大阪の得点和
osaka = xsum(data["Osaka"] * (1 - x))
m.objective = maximize(tokyo + osaka)
# 東京の得点和の下限（追加）
m += tokyo >= 53
m.verbose = 0
```

```
m.optimize()
if m.status.value == 0:
    print(f"東京 {tokyo.x}")
    print(f"大阪 {osaka.x}")
    print(f"合計 {tokyo.x + osaka.x}")
```

| **Out** |

```
東京 64.0
大阪 72.0
合計 136.0
```

　得点和の合計は136のまま変わらず、東京と大阪の差が32（= 84 - 52）から8（= 72 - 64）に減りました。

まとめ

「得点和の差を小さくしたい」のように解を調整したい場合は、制約条件を追加します。
追加する制約条件は、一度得られた解を元に作成します。

10.3 2つの尺度で見よう

PyQのURL https://pyq.jp/quests/mo_intro_party_03/

10.2節「公平にしたい」では、不公平感が出ないように、各会場の得点和の差が小さくなるように制約条件を追加しました。この差は小さいほど望ましいです。そこで、今回はやりたいこと（目的関数）として次の2つを考えましょう。

- （各会場の得点和の）合計の最大化
- （各会場の得点和の）差の最小化

このように複数の目的関数を考えることを多目的最適化といいます。

一般に多目的最適化では、複数の目的関数はトレードオフになります。

- 合計を大きくすると、差が大きくなる
- 差を小さくすると、合計が小さくなる

このような場合、すべての目的関数が最良となるような解は存在しません。そのため、ここでは次の手順のように、「東京の得点和」と「大阪の得点和」の差を調整しながら複数の解を出力することにします[3]。なお、この手順は、ステップ1の解が「東京の得点和 < 大阪の得点和」になることを前提としています。

- ステップ1：制約条件なしでモデル作成
- ステップ2：求解し、解を出力
- ステップ3：「東京の得点和」が「大阪の得点和」より大きければ終了、そうでない場合はステップ4へ

---

[3] 複数の解のどれを選ぶかは別途検討することとし、本書では考えません。

- ステップ4：東京の得点和 >= 現在の解の東京の得点和 + 1の制約条件を追加し、ステップ2へ

この手順ではステップ4で「東京の得点和」が必ず増加するため、各会場の得点和の差は段々小さくなっていきます。

さて、手順をもう少し考えてみましょう。

ステップ4で追加される制約条件は、左辺の式（東京の得点和）が同じで、**右辺の値（現在の解の東京の得点和 + 1）**が増えていくため、最後に追加された制約条件だけが有効になります。

そこで、ステップ4で制約条件を繰り返し追加するのではなく、次のようにステップ1で一度だけ追加し、ステップ4では右辺の値を更新していくことにしましょう[4]。

- ステップ1：東京の得点和 >= 0の制約条件を追加しモデル作成
- ステップ2：求解し、解を出力
- ステップ3：「東京の得点和」が「大阪の得点和」より大きければ終了、そうでない場合はステップ4へ
- ステップ4：ステップ1の制約条件のしきい値（右辺の値）を現在の解の東京の得点和 + 1に更新し、ステップ2へ

---

[4]「東京の得点和」は必ず0以上なので、ステップ1の段階で制約条件は不要です。しかし、ステップ4で利用するためにステップ1で追加しています。

数理モデル

　今回の手順で考える数理モデルは次のようになります。ステップ1でしきい
値は0となり、ステップ4で別の値が設定されます。

数理モデル（試飲会の問題 - 複数解用）

- 0-1変数：銘柄ごとに東京を選ぶかどうか
- 目的関数：東京の得点和 + 大阪の得点和 → 最大化
- 制約条件：東京の得点和 ≧ しきい値

Pythonでモデル作成

　CSVから辞書を作成する部分は、前節から変更なしです（リスト10.3.1）。

リスト10.3.1：CSVを読み込んで、列名をキーとする辞書の作成

```
In
```

```python
import csv
import numpy as np


with open("input/party.csv") as fp:
    _csv = np.array(list(csv.reader(fp)))


data = {}   # 列名をキーとする辞書
for i, column in enumerate(_csv[0, 1:]):
    data[column] = _csv[1:, i + 1].astype(int)
```

　「東京の得点和の下限」の初期状態の制約条件を追加した数理モデルを作成
します（リスト10.3.2）。

リスト10.3.2：「東京の得点和の下限」の制約条件を追加した数理モデル

| In |

```
from mip import Model, maximize, xsum

m = Model()
n = len(data["Tokyo"])  # 銘柄数
x = m.add_var_tensor((n,), "x", var_type="B")
# 東京の得点和
tokyo = xsum(data["Tokyo"] * x)
# 大阪の得点和
osaka = xsum(data["Osaka"] * (1 - x))
m.objective = maximize(tokyo + osaka)
# 東京の得点和の下限（初期状態）
m += tokyo >= 0
```

　「東京の得点和の下限」の制約条件の右辺の値を変更しながら、繰り返し解いてみましょう。制約条件は1つだけなので、m.constrs[0] で取得できます。また、右辺の値は属性 rhs で変更できます[5]（リスト10.3.3）。

リスト10.3.3：制約条件の右辺を変更して繰り返し解く

| In |

```
i = 0  # 繰り返し回数
while True:
    i += 1
    m.verbose = 0
    m.optimize()
    v1 = tokyo.x
    v2 = osaka.x
    print(f"{i}回目 東京 {v1} 大阪 {v2} 合計 {v1 + v2}")
    if v1 > v2:  # 東京が大阪より大きくなれば終了
```

[5] rhsについて詳しく知りたい場合は、6.3節「VarとLinExprの値の取得」のコラムを参考にしてください。

```
        break
    m.constrs[0].rhs = v1 + 1  # 制約条件の右辺を変更
```

| Out |

1回目 東京 52.0 大阪 84.0 合計 136.0

2回目 東京 64.0 大阪 72.0 合計 136.0

3回目 東京 66.0 大阪 69.0 合計 135.0

4回目 東京 67.0 大阪 68.0 合計 135.0

5回目 東京 68.0 大阪 67.0 合計 135.0

東京と大阪の差が32から1に減り、合計が136から135に減りました。
合計を少し減らすだけで、差を大きく減らせました。

まとめ

- 複数の目的関数を考える最適化を、多目的最適化という
  - 複数の目的関数は通常、トレードオフの関係にある
  - （アプローチの1つとして）複数の解を出力する方法がある
- 制約条件の右辺の値を変更しながら繰り返し解くことで、複数の解を出力できる
  - モデルに追加済みの制約条件は、あとから変更できる
  - ソルバーの実行（m.optimize()）後に、モデルを変更して再実行できる

本章を通して、銘柄選択の問題解決の簡単な流れを体験しました。

- 銘柄選択の得点和最大化のモデル作成
- 公平に近づけるために制約条件の追加
- 複数の目的関数を考慮するためにモデルを変更しながら複数回求解

実務では、複数の項目を最適化の目的関数にしたいことがあります。

前章では複数の項目に重みを掛けて和を取ることで、1つの目的関数にしました。

重みを使わない方法としては、今回のように制約条件を変えながら複数の解を求める方法があります。

コラム

今回扱った「合計の最大化」と「差の最小化」の多目的最適化の解について補足します。「他の項目を改悪せずに、どの項目も改良できない」という解の性質を**パレート最適**といいます。

本節では、2回目と4回目と5回目の解がパレート最適です。

⚙ 出力

```
1回目 東京 52.0 大阪 84.0 合計 136.0
2回目 東京 64.0 大阪 72.0 合計 136.0
3回目 東京 66.0 大阪 69.0 合計 135.0
4回目 東京 67.0 大阪 68.0 合計 135.0
5回目 東京 68.0 大阪 67.0 合計 135.0
```

2回目の合計と差は136と8ですが、差を小さくすると合計が減って改悪になります。また、合計は現状から改良できません。したがって、2回目の結果はパレート最適です。4回目と5回目も同様です。

なお、1回目の合計と差は136と32で、合計を変えずに差を小さくできるのでパレート最適ではありません。3回目も同様です。

お酒をわけよう

第11章

シフト表を作りたい

スタッフのシフトスケジュールを作成する課題について、モデルの作成方法やその改善方法を学びます。具体的には、スタッフの希望など「なるべく守りたい条件」の考慮の仕方や、複数解を得る方法を身につけます。

11.1 シフト表を作るには

PyQのURL https://pyq.jp/quests/mo_intro_shift_01/

本章では、シフトスケジュールを作成します。

シフトスケジュールとは、スタッフごと日付ごとのシフトの予定を入れた表です。シフト表ともいいます（図11.1.1）。ここでいうシフトとは、日勤や夜勤や休みなどの1日の勤務の時間帯のことです[1]。

	0	1	2	3	4	5	6
佐藤	日	夜	休	夜	日	日	日
安藤	休	日	日	休	日	夜	夜
山田	夜	日	日	日	休	休	日
高橋	日	休	夜	日	夜	日	休

図11.1.1：シフト表

店舗や病院では、グループ長がスタッフのシフト表を作っています。シフトはさまざまな条件を考慮するため、人手で作成すると時間がかかることが多いです。今回は、数理最適化でシフト表を作っていきます。

課題

次の条件を満たすように、4人のスタッフの7日分のシフト表を作成してください。シフトの種類は、日勤、夜勤、休みとします。また、日付の代わりに0から始まる日番号を使います（図11.1.2）。

---

[1]「休み」というシフトは、勤務の時間帯が空と考えます。

- スタッフごとの条件
  - 日勤4日以下
  - 夜勤2日以下
  - 休み2日以下
- 日番号ごとの条件
  - 日勤2人
  - 夜勤1人

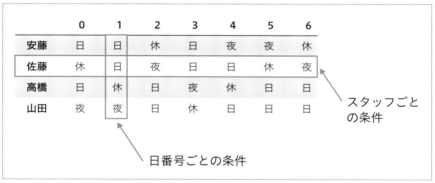

図11.1.2：「スタッフごとの条件」と「日番号ごとの条件」のイメージ

考え方

決めることは「誰がいつ何をするか」です。

守ることは、スタッフごと、日番号ごとの条件です。

なお、今回やりたいことは、条件が守られていることだけです。このような場合、目的関数を設定する必要はありません。

「誰がいつ何をするか」の変数について考えてみましょう。

スタッフ i0 が、日番号 i1 にするシフトを表す変数を x[i0, i1] とします（x は2次元配列）。シフトは「日勤、夜勤、休み」なので、それぞれ値を「0、1、2」としましょう。

さて、スタッフ i0 の7日間の日勤（値は0）の日数は、どのような式になるでしょうか？　Pythonのコードとしては sum(x[i0] == 0) のように書けますが、これを一次式で書くのは困難です。

このような場合は、0-1変数を使います。具体的には、スタッフi0が日番号i1にシフトi2をするかどうかを表す0-1変数として、x[i0, i1, i2]を考えます[2]（xは3次元配列）。

すると、スタッフi0の7日間のシフトi2の日数は、xsum(x[i0, :, i2])のように一次式で表せます（図11.1.3）。

このように、「する／しない」を0-1変数にすることで、今回の制約条件をすべて記述できます。

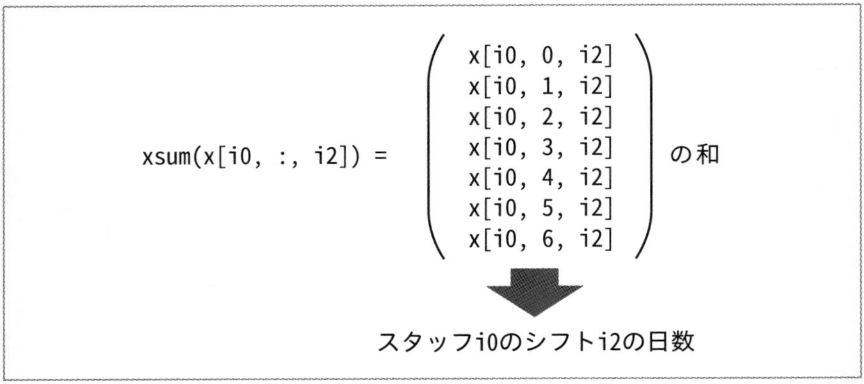

$$\text{xsum}(x[i0, :, i2]) = \begin{pmatrix} x[i0, 0, i2] \\ x[i0, 1, i2] \\ x[i0, 2, i2] \\ x[i0, 3, i2] \\ x[i0, 4, i2] \\ x[i0, 5, i2] \\ x[i0, 6, i2] \end{pmatrix} \text{の和}$$

スタッフi0のシフトi2の日数

図11.1.3：スタッフi0のシフトi2の日数

確認問題

スタッフごと、日番号ごとにシフトを割り当てる変数を考えます。
この変数について適切なものを選んでください（1つ選択）

1. 1つの変数で、「スタッフと日番号とシフト」を表す
2. スタッフごとの変数で、「日番号とシフト」を表す
3. スタッフごと、日番号ごとの変数で、「シフト」を表す
4. スタッフごと、日番号ごと、シフトごとの変数で、「する／しない」を表す

---

[2] 佐藤（スタッフ1）が日番号2に日勤（シフト0）をするかどうかが、x[1, 2, 0]です。

4

1. ×　1つの変数で、「スタッフと日番号とシフト」を表す

   1つの変数で「スタッフと日番号とシフト」を表すことはできません。

2. ×　スタッフごとの変数で、「日番号とシフト」を表す

   1つの変数で「日番号とシフト」を表すことはできません。

3. ×　スタッフごと、日番号ごとの変数で、「シフト」を表す

   変数の値をシフトにすると、制約条件を書くことが難しいです。

4. ○　スタッフごと、日番号ごと、シフトごとの変数で、「する／しない」を
   表す

   「する／しない」を0-1変数で表すことで、制約条件を書けるようになります。

まとめ

シフト表の数理モデルを作るときは、0-1変数の多次元配列を使うといろいろな制約条件
を表せます。

11.2 … まずは作ってみよう

PyQのURL https://pyq.jp/quests/mo_intro_shift_02/

11.1節「シフト表を作るには」では、モデルに使う変数が0-1変数の3次元配列になることを確認しました。ここでは、3次元配列に慣れるために、まずはPythonで形式的なシフト表を出力してみます。ここでいう形式的なシフト表とは、単にマス目にシフトが埋まっているだけのシフト表です。つまり、スタッフごとや日番号ごとの必要数の条件を考慮していないものです。

数理モデルは、次のようになります。

数理モデル（形式的なシフト表）

- 0-1変数：スタッフごと、日番号ごと、シフトごとに「する／しない」
- 目的関数：なし
- 制約条件：スタッフごと、日番号ごとに1つのシフトを割り当て

Pythonでモデル作成

まず、スタッフ、日番号、シフトをリスト11.2.1のように作成します。

リスト11.2.1：スタッフ、日番号、シフトの作成

```
In
staffs = ["安藤", "佐藤", "高橋", "山田"]
days = [0, 1, 2, 3, 4, 5, 6]
shifts = ["日", "夜", "休"]
n0, n1, n2 = len(staffs), len(days), len(shifts)
```

モデルと変数は、リスト11.2.2のようになります。

リスト11.2.2：形式的なシフト表のモデルと変数

| In |

```
from mip import Model, xsum


m = Model()
x = m.add_var_tensor((n0, n1, n2), "x", var_type="B")
```

x[i0, i1, i2]は「する／しない」を意味する0-1変数です。具体的には「スタッフi0が日番号i1にシフトi2をするかどうか」です。

また、x[i0, i1]は、3つのシフトに対応する変数ベクトル（[x[i0, i1, 0], x[i0, i1, 1], x[i0, i1, 2]]）になります。

次に、制約条件を追加して実行してみましょう。

スタッフごと、日番号ごとに1つのシフトを割り当てるには、特定のスタッフと特定の日番号の変数の合計を1にします（リスト11.2.3）。xsum(x[i0, i1])が3つのシフトに対応する変数の合計です。この3つの変数の合計が1なので、1つは1で、2つは0です。1つだけ1なので、どれか1つのシフトを割り当てます。

リスト11.2.3：制約条件の追加と実行

| In |

```
for i0 in range(n0):  # スタッフごと
    for i1 in range(n1):  # 日番号ごと
        # 1つのシフトを割り当て
        m += xsum(x[i0, i1]) == 1


m.verbose = 0
m.optimize()
```

続いて、結果（val）を作成します（リスト11.2.4）。今回は整数として使いたいのでx.astype(float, subok=False).round().astype(int)のように変換します[3]。

----

[3] このように書く理由については、5.3節「整数変数のベクトル」を参照してください。

このvalから「スタッフごと日番号ごとのシフト番号が入った2次元配列
（result）」に変換し出力しましょう。

結果は、たまたま割り当たったものになります。そのため実行環境によって
は異なる結果になることもあります。

リスト11.2.4：結果の出力

```
In

if m.status.value == 0:
    val = x.astype(float, subok=False).round().astype(int)
    result = ([0, 1, 2] * val).sum(axis=2)
    print(result)
```

```
Out

[[2 2 2 0 0 0 0]
 [0 0 2 0 2 2 0]
 [1 0 1 2 0 2 2]
 [2 2 2 2 0 0 1]]
```

valは3次元配列ですが、[0, 1, 2] * valは、各i0、i1について[0, 1, 2]
* val[i0, i1]を計算したものになります。val[i0, i1]はシフトに対応する1
次元配列です。[0, 1, 2]にval[i0, i1]を掛けると表11.2.1のようにシフト
の番号が現れます。さらに、sum(axis=2)とすることで和を取りシフト番号に
なります。

表11.2.1：ベクトルの掛け算

val[i0, i1]	[0, 1, 2] * val[i0, i1]	和（意味）
[1, 0, 0]	[0, 0, 0]	0（日勤）
[0, 1, 0]	[0, 1, 0]	1（夜勤）
[0, 0, 1]	[0, 0, 2]	2（休み）

ここでは「シフト番号が計算できる」ことだけわかれば、[0, 1, 2] * val
のしくみはわからなくても大丈夫です。

最後にresultを使ってシフト表を出力しましょう（リスト11.2.5）。

リスト11.2.5：シフト表の出力

```
In

if m.status.value == 0:
    print("    0 1 2 3 4 5 6")
    for i0 in range(n0):  # スタッフごと
        print(f"{staffs[i0]}: ", end="")
        for i1 in range(n1):  # 日番号ごと
            print(shifts[result[i0, i1]], end="")
        print()
```

```
Out

    0 1 2 3 4 5 6
安藤: 休休休日日日日
佐藤: 日日休日休休日
高橋: 夜日夜休日休休
山田: 休休休休日日夜
```

実行環境によっては上記と異なる出力になることもあります。

11.3 シフト表に必要な条件を考慮しよう

PyQのURL https://pyq.jp/quests/mo_intro_shift_03/

　引き続き、11.1節「シフト表を作るには」の課題を解いてみましょう。

　11.2節「まずは作ってみよう」のコードに、考慮できていなかった次の条件を追加します。

- スタッフごとの条件
  - 日勤4日以下
  - 夜勤2日以下
  - 休み2日以下
- 日番号ごとの条件
  - 日勤2人
  - 夜勤1人

　制約条件の作り方は11.2節「まずは作ってみよう」と同じですが、ここではスライスを使って「スタッフごと」や「日番号ごと」の合計を求めます。

　まずは、結果の出力関数（show()）と、スタッフ、日番号、シフトを作成します（リスト11.3.1）。

リスト11.3.1：出力関数とスタッフ、日番号、シフトの作成

| In |

```
from mip import Model, xsum


def show(result):
    print("    0 1 2 3 4 5 6")
    for i0 in range(n0):  # スタッフごと
        print(f"{staffs[i0]}: ", end="")
        for i1 in range(n1):  # 日番号ごと
            print(shifts[result[i0, i1]], end="")
        print()


staffs = ["安藤", "佐藤", "高橋", "山田"]
days = [0, 1, 2, 3, 4, 5, 6]
shifts = ["日", "夜", "休"]
n0, n1, n2 = len(staffs), len(days), len(shifts)
```

　続いて、スタッフや日番号ごとのループで制約条件を追加します。スタッフi0の日勤（0）の日数は、全日番号について和を取るので、xsum(x[i0, :, 0])で計算できます。:が「全日番号」を意味します。同様に日番号i1の日勤の日数は、全スタッフについて和を取るのでxsum(x[:, i1, 0])で計算できます。

　モデルを完成させたら、ソルバーを実行して求解します（リスト11.3.2）。

リスト11.3.2：シフト表のモデルと求解

| In |

```
m = Model()
x = m.add_var_tensor((n0, n1, n2), "x", var_type="B")

for i0 in range(n0):  # スタッフごと
    for i1 in range(n1):  # 日番号ごと
        # 1つのシフトを割り当て
        m += xsum(x[i0, i1]) == 1
    m += xsum(x[i0, :, 0]) <= 4  # 日勤4日以下
    m += xsum(x[i0, :, 1]) <= 2  # 夜勤2日以下
    m += xsum(x[i0, :, 2]) <= 2  # 休み2日以下

for i1 in range(n1):  # 日番号ごと
    m += xsum(x[:, i1, 0]) == 2  # 日勤2人
    m += xsum(x[:, i1, 1]) == 1  # 夜勤1人

m.verbose = 0
m.optimize()
```

最後に、シフト表を出力して確認しましょう（リスト11.3.3）。

リスト11.3.3：シフト表の出力

| In |

```
if m.status.value == 0:
    val = x.astype(float, subok=False).round().astype(int)
    result = ([0, 1, 2] * val).sum(axis=2)
    show(result)
```

| Out |

```
      0 1 2 3 4 5 6
安藤: 日日休日夜夜休
佐藤: 休日夜日日休夜
高橋: 日休日夜休日日
山田: 夜夜日休日日日
```

次の条件が守られていることを確認しましょう（確認用に再掲）。

- スタッフごとの条件（行ごとに確認）
  - 日勤4日以下
  - 夜勤2日以下
  - 休み2日以下
- 日番号ごとの条件（列ごとに確認）
  - 日勤2人
  - 夜勤1人

まとめ

xをスタッフ、日番号、シフトごとの0-1変数の3次元配列とすると、日数やスタッフ数の制約条件は**構文11.3.1**のように表せます。

構文11.3.1：日数やスタッフ数の制約条件の書き方

```
m += xsum(x[i0, :, 0]) <= 4  # スタッフi0の日勤の日数は4日以下
m += xsum(x[:, i1, 0]) == 2  # 日番号i1の日勤のスタッフ数は2人
```

コラム

病院では、入院基本料の区分によって保険の診療報酬額が決まっています。そして、入院基本料の区分が、患者数に対するスタッフ数などの条件で決まっています。このように、スタッフ数の条件は、病院の収入に直結する重要な条件になっています。

11.4 … 休みの希望を叶えよう

PyQのURL https://pyq.jp/quests/mo_intro_shift_04/

11.3節「シフト表に必要な条件を考慮しよう」では、スタッフごとの日数の条件と、日番号ごとのスタッフ数の条件を考慮しました。

本節では、スタッフの休みの希望をなるべく叶えるようにモデルを修正してみましょう。

課題

次の条件を満たし、なるべくスタッフの休みの希望を叶えるように、4人のスタッフの7日分のシフト表を作成してください。シフトの種類は、日勤、夜勤、休みとします。

- スタッフごとの条件
  - 日勤4日以下
  - 夜勤2日以下
  - 休み2日以下
- 日番号ごとの条件
  - 日勤2人
  - 夜勤1人
- スタッフごとの休みの希望の日番号
  - 安藤：0、3
  - 佐藤：2
  - 高橋：1、6
  - 山田：5

　休みの希望は1人2つまで指定可能です。この日番号は0始まりの通し番号なので、0、3は1日目と4日目を表します。

考え方

　休みの希望は、必ずすべてが叶えられるとは限りません。このような場合は、休みの希望を制約条件にするのではなく、叶えられる数を最大化させます。

　11.3節「シフト表に必要な条件を考慮しよう」をベースにして、休みの希望を目的関数に追加しましょう。

　数理モデルは、目的関数が追加されて次のようになります。

数理モデル（シフト表 - 休みの希望）

- 0-1変数：スタッフごと、日番号ごと、シフトごとに「する／しない」
- 目的関数：休みの希望の成立数 → 最大化
- 制約条件：
  - スタッフごと、日番号ごとに1つのシフトを割り当て
  - スタッフごとに日勤4日以下
  - スタッフごとに夜勤2日以下
  - スタッフごとに休み2日以下
  - 日番号ごとに日勤2人
  - 日番号ごとに夜勤1人

　目的関数の「休みの希望の成立数」は、該当スタッフの該当日番号の休みに当たる変数の和です。

Pythonでモデル作成

　まずは、出力関数と入力データ（スタッフ、日番号、シフト、休みの希望）を作成します（リスト11.4.1）。休みの希望以外は前節と同じです。

リスト11.4.1：出力関数と入力データの作成

| In |

```
from mip import Model, maximize, xsum


def show(result):
    print("      0 1 2 3 4 5 6")
    for i0 in range(n0):  # スタッフごと
        print(f"{staffs[i0]}: ", end="")
        for i1 in range(n1):  # 日番号ごと
            print(shifts[result[i0, i1]], end="")
        print()


staffs = ["安藤", "佐藤", "高橋", "山田"]
days = [0, 1, 2, 3, 4, 5, 6]
shifts = ["日", "夜", "休"]
n0, n1, n2 = len(staffs), len(days), len(shifts)
wish_days = [  # 休みの希望（追加）
    [0, 3],
    [2],
    [1, 6],
    [5],
]
```

　続いて変数を作成し、目的関数に「休みの希望の成立数」を設定しましょう（リスト11.4.2）。

　目的関数に設定するために、休みの希望の変数のリストとしてx_wish_daysを空で用意します。

　zip(x, wish_days)とすることで、スタッフごとに「スタッフの変数（x_i）と休みの希望の日番号リスト（wish_day）」を取得できます。さらにwish_dayで日番号（day）をループし、休みの希望の変数（x_i[day, 2]）をx_wish_daysに追加します。

リスト11.4.2：変数作成と目的関数の追加

```
In
```

```python
m = Model()
x = m.add_var_tensor((n0, n1, n2), "x", var_type="B")


x_wish_days = []   # 休みの希望の変数のリスト
for x_i, wish_day in zip(x, wish_days):
    for day in wish_day:
        # 該当スタッフの該当日番号の休みの変数を追加
        x_wish_days.append(x_i[day, 2])


m.objective = maximize(xsum(x_wish_days))
```

　次に、制約条件を追加してモデルを求解します。このコードは、前節と同じです（リスト11.4.3）。

リスト11.4.3：制約条件の追加と求解

```
In
```

```python
for i0 in range(n0):  # スタッフごと
    for i1 in range(n1):  # 日番号ごと
        # 1つのシフトを割り当て
        m += xsum(x[i0, i1]) == 1
    m += xsum(x[i0, :, 0]) <= 4  # 日勤4日以下
    m += xsum(x[i0, :, 1]) <= 2  # 夜勤2日以下
    m += xsum(x[i0, :, 2]) <= 2  # 休み2日以下


for i1 in range(n1):  # 日番号ごと
    m += xsum(x[:, i1, 0]) == 2  # 日勤2人
    m += xsum(x[:, i1, 1]) == 1  # 夜勤1人


m.verbose = 0
m.optimize()
```

最後に、シフト表と目的関数の値（休みの希望の成立数）を出力しましょう（リスト 11.4.4）。

リスト 11.4.4：シフト表と目的関数の値の出力

| In |

```
if m.status.value == 0:
    val = x.astype(float, subok=False).round().astype(int)
    result = ([0, 1, 2] * val).sum(axis=2)
    show(result)
    print(f"{m.objective_value = }")
```

| Out |

```
     0 1 2 3 4 5 6
安藤: 休日日休日夜夜
佐藤: 日夜休夜日日日
高橋: 日休夜日夜日休
山田: 夜日日日休休日
m.objective_value = 6.0
```

6つの休みの希望は、すべて叶いました。確認してみてください。

まとめ

「休みの希望の成立数」を目的関数にすることで、なるべく休みの希望を満たすシフト表が作成できます。

11.5 2つの答えを出そう

PyQのURL https://pyq.jp/quests/mo_intro_shift_05/

11.4節「休みの希望を叶えよう」では、休みの希望の成立数を目的関数にしました。一般に、今回のようなモデル化をすると最適解がたくさん存在することが多いです。これまでは1つのシフト表を出力しただけですが、本節では、2つのシフト表を出力してみましょう。このように複数のシフト表を出すことで、あとからスタッフの意見を聞きながら検討しやすくなります。

考え方

2つのシフト表を出力するには、モデルを変えながら2回ソルバーを実行します。

1つ目の解と違う解が出るようにするには、1つ目の解と同じ解になることを禁止する制約条件を追加します。

0-1変数を使えば、このように一般的な「特定の解を禁止する制約条件」を簡単に作れます。

具体的には、構文11.5.1のような制約条件になります。

構文11.5.1：特定の解を禁止する制約条件

```
m += xsum(特定の解で1となる変数) <= 特定の解で1となる個数 - 1
```

2つ目の解を出すためには、構文11.5.1の特定の解として1つ目の解を使います。

4人×7日間のシフト表を表す解は、「1となる変数」がちょうど28個あります。つまり「1つ目の解で1となる変数」も28個あり、その和は28です。構文11.5.1の制約条件の右辺は27なので、1つ目の解はこの制約条件を満たしません。

したがって、この制約条件を追加すれば1つ目の解は出ないことになります。

数理モデル

数理モデルは2つ作ります。1つ目の数理モデルは次のようになります。

数理モデル（シフト表 - 1つ目）

- 0-1変数：スタッフごと、日番号ごと、シフトごとに「する／しない」
- 目的関数：希望シフトの成立数 → 最大化
- 制約条件：
  - スタッフごと、日番号ごとに1つのシフトを割り当て
  - スタッフごとに日勤4日以下
  - スタッフごとに夜勤2日以下
  - スタッフごとに休み2日以下
  - 日番号ごとに日勤2人
  - 日番号ごとに夜勤1人

2つ目の数理モデルは、1つ目の数理モデルに次の制約条件を追加します。

数理モデル（シフト表 - 2つ目）

- 制約条件（追加分のみ）：
  - 1つ目の解で1になった変数の和が、その総数 - 1以下

Pythonでモデル作成

最初のシフト表を出力するところまでは、11.4節「休みの希望を叶えよう」と同じです。

まずは、出力関数と入力データを作成します（リスト11.5.1）。

リスト11.5.1：出力関数と入力データの作成

```
In

from mip import Model, maximize, xsum


def show(result):
    print("    0 1 2 3 4 5 6")
    for i0 in range(n0):  # スタッフごと
        print(f"{staffs[i0]}: ", end="")
        for i1 in range(n1):  # 日番号ごと
            print(shifts[result[i0, i1]], end="")
        print()


staffs = ["安藤", "佐藤", "高橋", "山田"]
days = [0, 1, 2, 3, 4, 5, 6]
shifts = ["日", "夜", "休"]
n0, n1, n2 = len(staffs), len(days), len(shifts)
wish_days = [   # 休みの希望
    [0, 3],
    [2],
    [1, 6],
    [5],
]
```

　続いて、1つ目のシフト表を出力します（**リスト11.5.2**）。このコードは前節と同じです。

リスト11.5.2：1つ目のシフト表

| In |

```
m = Model()
x = m.add_var_tensor((n0, n1, n2), "x", var_type="B")


x_wish_days = []  # 休みの希望の変数のリスト
for x_i, wish_day in zip(x, wish_days):
    for day in wish_day:
        # 該当スタッフの該当日番号の休みの変数を追加
        x_wish_days.append(x_i[day, 2])


m.objective = maximize(xsum(x_wish_days))


for i0 in range(n0):  # スタッフごと
    for i1 in range(n1):  # 日番号ごと
        # 1つのシフトを割り当て
        m += xsum(x[i0, i1]) == 1
    m += xsum(x[i0, :, 0]) <= 4  # 日勤4日以下
    m += xsum(x[i0, :, 1]) <= 2  # 夜勤2日以下
    m += xsum(x[i0, :, 2]) <= 2  # 休み2日以下


for i1 in range(n1):  # 日番号ごと
    m += xsum(x[:, i1, 0]) == 2  # 日勤2人
    m += xsum(x[:, i1, 1]) == 1  # 夜勤1人


m.verbose = 0
m.optimize()


if m.status.value == 0:
    val = x.astype(float, subok=False).round().astype(int)
    result = ([0, 1, 2] * val).sum(axis=2)
    show(result)
    print(f"{m.objective_value = }")
```

| Out |

```
      0 1 2 3 4 5 6
```
安藤: 休日日休日夜夜

佐藤: 日夜休夜日日日

高橋: 日休夜日夜日休

山田: 夜日日日休休日
```
m.objective_value = 6.0
```

　得られた解を禁止する制約条件を追加して、2つ目のシフト表を出力します
（リスト11.5.3）。

リスト11.5.3：2つ目のシフト表

| In |

```
# 1つ目の解
ans = x[val > 0.5]
# 1つ目の解を禁止
m += xsum(ans) <= len(ans) - 1


m.optimize()
if m.status.value == 0:
    val2 = x.astype(float, subok=False).round().astype(int)
    result2 = ([0, 1, 2] * val2).sum(axis=2)
    show(result2)
    print(f"{m.objective_value = }")
```

| Out |

```
      0 1 2 3 4 5 6
```
安藤: 休日日休日日夜

佐藤: 日日休夜日夜日

高橋: 日休夜日夜日休

山田: 夜夜日日休休日
```
m.objective_value = 6.0
```

異なるシフト表を出力できました。また、目的関数の値も6のまま変わっていないので、2つ目のシフト表も最適解になっています。

まとめ

「得られた解を禁止する制約条件」を追加して解き直すことで、別の解が得られます。

本章を通して、シフト表の問題解決の簡単な流れを体験しました。

- シフト表のモデルの変数の考え方
- シンプルなモデルの求解と結果の検証
- スタッフごとの条件と日番号ごとの条件の追加
- 休みの希望を目的関数に追加
- 複数解の出力

シフト表では、モデルに人（スタッフ）が入っています。一般にモデルに人が入ると結果の調整が難しくなります。

このとき、複数のシフト表を用意しておくと、調整がスムーズに進みやすいです。

多くのソルバーは1つの解しか出ませんが、今回のような手法を使うと複数の解を求められます。

コラム

本節ではシンプルなモデルを作成しました。実際には、もっと多くの制約条件を追加して解くことになります。

具体的には「夜勤の翌日は休みにする」などです。夜勤後に日勤をすると就寝する時間が取れません。また、夜勤が連続するのも働きづらいので、このような条件を考慮します。

第 12 章

pandasで
数理モデルを作ろう

pandasを使うことで、より簡潔なコードで数理モデル作成できるようになります。本章ではpandasの概要と、主要なクラス（DateFrameとSeries）について学びます。

12.1 ‥ pandasとは

PyQのURL https://pyq.jp/quests/mo_intro_pandas_01/

　発展編では、pandasを使った数理モデルの作り方を紹介します。

　pandasは、表形式データの処理が得意なPython製のライブラリです。7.2節「データの前処理」で説明したように、数理最適化の仕事ではデータ処理の占める割合が大きいです。つまり、pandasを学ぶことは数理最適化の仕事の効率化に繋がります。

　さらに、データ処理だけでなく数理モデルの作成にpandasを使うと、モデル作成のコードがシンプルでわかりやすくなります。

　本章では、発展編以降の章で使うpandasの機能について簡単に説明します。

　pandasについて詳しく学びたい場合は、PyQの「データ分析」コース URL https://pyq.jp/courses/44/ が利用できます。また、使い方については、次も参考にしてみてください。

- pandas 公式ドキュメント
  URL https://pandas.pydata.org/docs/
- pandas - PyQ ドキュメント
  URL https://docs.pyq.jp/python/pydata/pandas/index.html

　ここからは、pandasのデータ構造であるDataFrameとSeries、およびその使い方について簡単に説明します。

DataFrame

DataFrame は、行と列からなる2次元のデータ構造です。

本書では、DataFrame の各部を図12.1.1のように呼ぶことにします。この言葉は以降でも使うので覚えてください。

図12.1.1：DataFrameの各部の名称

DataFrame の作成は、構文12.1.1のようにします。

構文12.1.1：DataFrameの作成

```
df = pandas.DataFrame(データ, index=インデックス, columns=列名一覧)
```

データには、2次元のデータなどを指定します。1列の表の場合は、データに1次元のリストなどを指定できます。

index と columns は省略可能で、省略すると0から始まる通し番号になります。

リスト12.1.1に実行例を示します[1]。ここでは2次元のデータとして、リストのリストを指定しています。

---

[1] 本書では、インポートしたpandasをpdという別名で使います。

リスト12.1.1：DataFrameの作成

```
In
```

```python
import pandas as pd

df = pd.DataFrame(
    [
        ["fuji", "S", 140],
        ["fuji", "L", 200],
        ["yuzu", "S", 160],
    ],
    columns=["Name", "Size", "Price"],
)
df
```

```
Out
```

	Name	Size	Price
0	fuji	S	140
1	fuji	L	200
2	yuzu	S	160

以降では、**df**はDataFrameのオブジェクトを意味します。

Series

Seriesは、1次元のデータ構造です。DataFrameの列（あるいは行）がSeriesです。

単独でSeriesを作成する場合は、**構文12.1.2**のようにします。

構文12.1.2：Seriesの作成

```python
sr = pd.Series(1次元のデータ, index=インデックス, name=名前)
```

pandasで数理モデルを作ろう

indexは省略可能で、省略すると通し番号になります。nameも省略可能で、省略するとNoneになります。

以降では、srはSeriesのオブジェクトを意味します。

参照

DataFrameやSeriesには、さまざまな参照方法があります。
ここでは、主な方法だけ紹介します。

- 列の取得は、df[列名]またはdf.列名と書けます（例：df.Name）
- 複数の列の取得は、df[列名のリスト]と書けます（例：df[["Name", "Price"]]）
- 行名による行の取得は、df.loc[行名]と書けます（例：df.loc[0]）
- 通し番号による行の取得は、df.iloc[通し番号]と書けます（例：df.iloc[0]）
  - Seriesの先頭データは、sr.iloc[0]と書けます
- 通し番号のスライスによる行の取得は、df[開始番号:終了番号 + 1]と書けます（例：df[1:2]）

四則演算

DataFrameやSeriesは、多次元配列と同じように四則演算ができます。たとえば、sr + 1とすると要素に1を足したSeriesになります。

また、列同士も演算できます。たとえば、df.列名1 * df.列名2とすると、行ごとに列名1と列名2の積を計算します。この記述は制約条件や目的関数を記述するときによく使うので、覚えておきましょう。

絞り込み

pandasも多次元配列と同じく、構文12.1.3のように条件で行の絞り込みができます。

構文12.1.3：条件で絞り込み

```
df[条件]
```

条件は、df.列名 > 値のように記述します。また、>だけでなく>=や==、あるいはメソッドも使えます。

たとえば、リスト12.1.2のようにすると、列Priceが180より小さい行だけを取得します。

リスト12.1.2：Priceが180より小さい行

| In |

```
df[df.Price < 180]
```

| Out |

	Name	Size	Price
0	fuji	S	140
2	yuzu	S	160

更新と追加

列の更新と追加は、どちらも構文12.1.4のように記述します。指定された列名が列名一覧にあれば更新に、なければ追加になります。

構文12.1.4：DataFrameの更新と追加

```
df[列名] = データ
```

行数と同じ要素数のリストをデータに指定すると、その要素が対象列に入ります。

　また、データに1つの値を指定すると、対象列の全要素にその値が入ります。たとえば、df.Price = 0とすると、列Priceの全要素が0になります[2]。

> **まとめ**
>
> pandasの2次元のデータ構造はDataFrameです。また、「DataFrameの列」のような1次元のデータ構造はSeriesです。
> dfをDataFrameとしたとき、次のように使えます。
>
> - 列の取得と更新：df[列名]またはdf.列名
> - 複数の列の取得：df[列名のリスト]
> - 行名による行の取得：df.loc[行名]
> - 通し番号による行の取得：df.iloc[通し番号]
> - 通し番号によるスライス：df[開始番号:終了番号 + 1]
> - 四則演算：要素同士で計算
> - 絞り込み：df[条件]
> - 列の追加：df[新規の列名] = データ

　次は、pandasのいろいろな使い方です。

---

[2] 追加ではなく更新の場合は、df[列名]の代わりにdf.列名が使えます。

12.2 pandasの機能

PyQのURL https://pyq.jp/quests/mo_intro_pandas_02/

次章で使うpandasのいくつかの機能を簡単に紹介します。

CSVの読み込み（pd.read_csv()）

pd.read_csv()を使うと、構文12.2.1のようにCSVファイルを読み込んで
DataFrameを作成できます。

構文12.2.1：CSVの読み込み

```
df = pd.read_csv(ファイル名)
```

型変換（astype()）

DataFrameやSeriesは、多次元配列と同じようにastype(型)で型変換できます。たとえば、列Varの要素をfloatに変換して列Valとして追加するには、構文12.2.2のようにします。なお、DataFrameやSeriesは多次元配列ではないので、astype()にsubok=Falseをつけられません。ただし、subok=Falseをつけなくても、絞り込みで>=などを使えます。

構文12.2.2：列の要素をfloatに変換して新しい列を作成

```
df["Val"] = df.Var.astype(float)
```

文字列を含むかどうか（str.contains()）

str.contains()を使うと、列の要素が特定の文字列を含むか判定できます
（構文12.2.3）。

```
df.列名.str.contains(特定の文字列)
```

たとえば、「列Nameにzuを含む行」は、df[df.Name.str.contains("zu")]のように書けます。

表の結合（merge()）

merge()を使うと、2つの表（DataFrame）を1つの表に結合できます。ここでは、リスト12.2.1とリスト12.2.2の2つの表を使って、2通りの結合方法を紹介します。

リスト12.2.1：表1

In

```
import pandas as pd

df1 = pd.DataFrame(
    [
        ["fuji", "S", 140, 11],
        ["fuji", "L", 200, 16],
        ["yuzu", "S", 160, 12],
    ],
    columns=["Name", "Size", "Price", "Tax"],
)
df1
```

リスト12.2.2：表2

In

```
df2 = pd.DataFrame(
    [["fuji", "apple"], ["yuzu", "lemon"]],
    columns=["Name", "Type"],
)
df2
```

⁘ キーが同一の要素で結合

　リスト12.2.3のようにすると、2つの表の共通の列名（Name）をキーにしてマージします。マージでは1つ目の表の各行に対し、キーが同じ2つ目の表の行を結合します。

リスト12.2.3：キーでマージ

| In |

```
pd.merge(df1, df2)
```

| Out |

	Name	Size	Price	Tax	Type
0	fuji	S	140	11	apple
1	fuji	L	200	16	apple
2	yuzu	S	160	12	lemon

⁘ 組み合わせを作成

　リスト12.2.4のように第3引数に"cross"を指定すると、第1引数と第2引数を組み合わせて表を作成します。第1引数と第2引数にはDataFrameも指定できます。

リスト12.2.4：組み合わせ

| In |

```
pd.merge(df2.Name, df2.Type, "cross")
```

| Out |

	Name	Type
0	fuji	apple
1	fuji	lemon
2	yuzu	apple
3	yuzu	lemon

グループ分け（`groupby()`）

　`groupby()`を使うと、第1引数に基づいてグループ分けをします。第1引数には列名や「列名のリスト」が使えます。

　本書では、構文12.2.4のようにforで使います。

構文12.2.4：指定列の要素の種類でグループ分け

```
for キーの変数, 部分表の変数 in df.groupby(列名):
    ...
```

　リスト12.2.5を使って説明します。第1引数に指定している列Nameの要素の種類は、"fuji"と"yuzu"の2種類です。このため、forは2回ループし、キーの変数keyにはそれぞれ"fuji"と"yuzu"が入ります。また、1回目のループの部分表の変数df_subには、列Nameが"fuji"である1行目と2行目が抜き出されて入ります。この2行の列Sizeは"S"と"L"なので、リスト化するメソッドであるto_list()を使うと['S', 'L']になります。

リスト12.2.5：列Nameでグループ分け

`In`

```
for key, df_sub in df1.groupby("Name"):
    print(key, df_sub.Size.to_list())
```

`Out`

```
fuji ['S', 'L']
yuzu ['S']
```

　なお、本書では、for文内でキーの変数を使っていません。このような場合は、キーの変数を_にします。

　また、`groupby()`の第1引数に列名のリストを指定した場合は、それらの列の要素の組み合わせを使って、グループ分けします。たとえば、`df1.groupby(["Name", "Size"])`とすると、キーが「fujiとS、fujiとL、yuzuとS」の3グループに分かれます。

ピボットテーブル（pivot()）

pivot()を使うと、データの持ち方を変えられます（ピボットテーブル）。引数columns／index／valuesで、列名一覧／インデックス／値として使う列名を指定します。

リスト12.2.6では次のようなDataFrameが作成されます。

- 列名一覧は、df1.Nameの種類
- インデックスは、df1.Sizeの種類
- 表の値は、行名と列名に対応するdf1.Priceの値

リスト12.2.6：ピボットテーブル

| In |

```
df1.pivot(columns="Name", index="Size", values="Price")
```

| Out |

Name	fuji	yuzu
Size		
L	200.0	NaN
S	140.0	160.0

グラフ

df1.plot()のようにすると折れ線グラフを出力できます。また、df1.plot.bar(stacked=True)とすると積み上げ棒グラフ（図12.2.1）を出力できます[3]。

---

[3] Jupyterで余計な出力をさせないためにセミコロンをつけています。

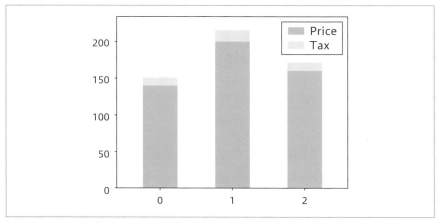

図12.2.1：積み上げ棒グラフ

なお、Jupyterのノートブック内に表示させたい場合、環境によっては
%matplotlib inlineが必要なことがあります。

まとめ

- CSV読み込み：pd.read_csv(CSVファイル)
- 型変換：df.列名.astype(型)
- 文字列を含む行：df[df.列名.str.contains(文字列)]
- キーでマージ：pd.merge(df1, df2)
- 組み合わせ：pd.merge(df1またはsr1, df2またはsr2, "cross")
- キーでグループ分け：df.groupby(キーの列名または列名のリスト)
- ピボットテーブル：df.pivot(columns=列名一覧の列名, index=インデックスの列名, values=値の列名)
- 折れ線グラフ：df.plot()
- 積み上げ棒グラフ：df.plot.bar(stacked=True)

次は、pandasを使った数理モデルの作成手順です。

12.3 pandasを使った数理モデル

PyQのURL https://pyq.jp/quests/mo_intro_pandas_03/

pandasを使った数理モデルの作成手順

pandasを使った数理モデルの作成手順は次のようになります。ここで変数表とは、1行が1つの変数に対応する表を意味し、変数に関連するデータを列として持ちます。

1. 変数表を用意
2. 変数表に変数の列を追加
3. （変数表を使って）数理モデルの作成と求解
4. 変数表に変数の値の列を追加
5. （変数表を使って）結果を作成

最初に、手順を簡単に補足します。そのあとに練習問題で具体例を確認します。

☀ 手順1：変数表を用意

具体的なDataFrameは、このあとの練習問題で考えます。ここでは、変数表の元をdfとします。このあと変数の列を追加して、変数表を作成します。

☀ 手順2：変数表に変数の列を追加

df["Var"] = 変数ベクトルとすることで、dfに「変数の列」を追加できます（構文12.3.1）。len(df)はdfの行数です。

構文12.3.1：「変数の列」を追加

```
df["Var"] = m.add_var_tensor((len(df),), "Var", ...)
```

追加した列は、df.Var や df["Var"] として取得できます [4]。

手順３：数理モデルの作成と求解

df を使ったモデル作成と求解は、このあとの練習問題で具体的に説明します。

手順４：変数表に変数の値の列を追加

変数表に「変数の値の列」を追加することで、変数とその値が管理しやすくなります。「変数の値の列」を追加するには、構文 12.3.2 のように astype(float) を使います。

構文 12.3.2：「変数の値の列」を追加

```
df["Val"] = df.Var.astype(float)
```

手順５：結果を作成

ここでは、変数表から結果を作成する例として、よく使う構文を紹介します。構文 12.3.3 のようにすると、df から列 Val が 0.5 より大きい行だけを取得します。

構文 12.3.3：解が 0.5 より大きい行

```
df[df.Val > 0.5]
```

Var や Val は別の名前にしても構いませんが、本書ではこの名前を使っていきます。

ここからは、5.4 節「0-1 変数ベクトルの例題 1」の消しゴムとペンケースの問題で、具体的に確認してみましょう。

[4] 取得した列は多次元配列ではなく Series になります。

練習問題

6個の大きさの異なる直方体の消しゴムがあります。これをペンケースに一列に並べて、長さ方向になるべくぴったりに入れたいです。どの消しゴムを選べばよいでしょうか（図 **12.3.1**）。

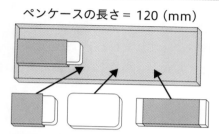

ペンケースの長さ = 120 (mm)

消しゴムの長さ（mm）

No	長さ
0	23
1	17
2	31
3	42
4	35
5	29

図12.3.1：消しゴムとペンケース

5.4節「0-1変数ベクトルの例題1」のモデルを再掲します。

数理モデル（消しゴムの問題）

- 0-1変数ベクトル：x（消しゴムを入れるかどうか）
- 目的関数：xsum(length * x) → 最大化
- 制約条件：xsum(length * x) <= case_length

変数表の用意と変数の列の追加は、**リスト12.3.1**のようになります。

リスト12.3.1：変数表の用意と変数の列の追加

| In |

```
import pandas as pd
from mip import Model, maximize, xsum


# 各消しゴムの長さ (mm)
length = [23, 17, 31, 42, 35, 29]
# ペンケースの長さ (mm)
case_length = 120
```

```
m = Model()
df = pd.DataFrame(length, columns=["Length"])
df["Var"] = m.add_var_tensor((len(df),), "Var", var_type="B")
df
```

　変数がdf.Varになっても、変数ベクトルと同じようにxsumで内積を計算できます。

　内積を使って、リスト12.3.2のように目的関数と制約条件を追加します。

リスト12.3.2：目的関数と制約条件の追加

| In |

```
m.objective = maximize(xsum(df.Length * df.Var))
m += xsum(df.Length * df.Var) <= case_length
```

　リスト12.3.3のように、制約条件が意図通りになっていることを確認できます。

リスト12.3.3：制約条件の確認

| In |

```
print(m.constrs[0])
```

| Out |

```
constr(0): +23.0 Var_0 +17.0 Var_1 +31.0 Var_2 +42.0 Var_3 +35.0 Var_4 +29.0 ➡
Var_5 <= 120.0
```

　求解と結果表示は、リスト12.3.4のようになります。変数の値はdf.Var.astype(float)で取得できます。

リスト12.3.4：求解と結果表示

| In |

```
m.verbose = 0
m.optimize()
if m.status.value == 0:
```

```
df["Val"] = df.Var.astype(float)
display(df[df.Val > 0.5])
```

| Out |

	Length	Var	Val
1	17	Var_1	1.0
2	31	Var_2	1.0
3	42	Var_3	1.0
5	29	Var_5	1.0

　`display(df[df.Val > 0.5])` に着目してみましょう。

　`display()` はJupyterで使える関数で、引数のオブジェクトを見やすく表示
します。ここでは、DataFrameが表形式で表示され見やすくなっています。

　結果の確認ではペンケースに入れる消しゴムを確認したいので、`df.Val >`
`0.5`と絞り込んでいます。これにより、選択した消しゴムの行だけが表示され
ます。その結果、選択した消しゴムの長さが「17、31、42、29」ということ
がわかります。

　このようにpandasを使うと、結果の作成が容易になり、変数の属性（ここ
では列 Length）も確認しやすくなります。

> **まとめ**
>
> pandasを使った最適化の手順
>
> 1. 変数表の用意
> 2. 変数表に変数の列を追加
> 3. 数理モデルの作成と求解
> 4. 変数表に変数の値の列を追加
> 5. 結果を作成
>
> 簡単にまとめると、「変数の列」と「変数の値の列」を持った変数表を使って、モデルや
> 結果を作ったりします。これらの列の追加方法は、ほぼ同じ形式なので、定型文と考えて
> もよいでしょう。

12.4 クッキーとケーキ

PyQのURL https://pyq.jp/quests/mo_intro_pandas_04/

5.3節「整数変数のベクトル」を題材に、pandasを使ったモデル化に慣れていきましょう。

練習問題

クッキーとケーキを作るのに、次のように薄力粉とバターを使います。薄力粉は1200g、バターは900gしかありません。クッキーとケーキの合計重量を最大化するには、それぞれ何個作ればよいでしょうか？
- クッキー1個は110gで、1個あたり薄力粉33gとバター33gが必要
- ケーキ1個は200gで、1個あたり薄力粉80gとバター40gが必要

定式化は、次のようになります。

数理モデル（クッキーとケーキの問題）

- 変数：
  - 整数変数ベクトルv：クッキーとケーキの個数
- 目的関数：xsum([110, 200] * v) → 最大化
- 制約条件：
  - xsum([33, 80] * v) <= 1200
  - xsum([33, 40] * v) <= 900

まず、変数表を用意しましょう。列はそれぞれ、名前、重量、必要薄力粉量、必要バター量です。

この変数表に変数の列を追加します（リスト12.4.1）。前節のコードと比べると、var_type に指定する値が変わっただけです。このように、変数の列の追加方法は、ほぼ同じ記述になります。

リスト12.4.1：変数表の作成

```
| In |

import pandas as pd
from mip import Model, maximize, xsum

data = [
    ["クッキー", 110, 33, 33],
    ["ケーキ", 200, 80, 40],
]
columns = ["Name", "Weight", "Flour", "Butter"]
df = pd.DataFrame(data, columns=columns)
m = Model()
df["Var"] = m.add_var_tensor((len(df),), "Var", var_type="I")
df
```

```
| Out |
```

	Name	Weight	Flour	Butter	Var
0	クッキー	110	33	33	Var_0
1	ケーキ	200	80	40	Var_1

　モデルを作成したら、求解して変数の値の列を追加しましょう。リスト12.4.2のように、変数の値の列の追加は、前節と同じ記述になります。

リスト12.4.2：結果の出力

```
| In |

m.objective = maximize(xsum(df.Weight * df.Var))
m += xsum(df.Flour * df.Var) <= 1200
m += xsum(df.Butter * df.Var) <= 900
m.verbose = 0
m.optimize()
if m.status.value == 0:
    df["Val"] = df.Var.astype(float)
    display(df)
```

Out						
	Name	Weight	Flour	Butter	Var	Val
0	クッキー	110	33	33	Var_0	20.0
1	ケーキ	200	80	40	Var_1	6.0

　5.3節「整数変数のベクトル」と同じく、クッキーが20個、ケーキが6個という結果になりました。変数表を使うと、変数に関するデータが1つの表にまとまり、わかりやすくなります。

まとめ

変数表に変数やその値の列を追加する方法は、**構文12.4.1**のように決まった記述になります。

構文12.4.1：変数やその値の列の追加

```
df["Var"] = m.add_var_tensor((len(df),), "Var", オプション)
df["Val"] = df.Var.astype(float)
```

コラム

本書でDataFrameに追加する列の列名は、基本的に大文字ではじめています。これは、DataFrameの属性とかぶらないようにするためです。たとえば、df.varは分散を求めるメソッドなので、次のように書くとエラーになります。

変数の列名をvarにするとエラーに

```
df["var"] = m.add_var_tensor((len(df),), "var", var_type="I")
m.objective = maximize(xsum(df.Weight * df.var))
```

df.varではなく必ずdf["var"]と書けばエラーになりませんが、混乱を避けるために属性と異なる名前にしています。

12.5 演習 おやつの問題

PyQのURL https://pyq.jp/quests/mo_intro_pandas_05/

5.5節「0-1変数ベクトルの例題2」の問題を変数表を使って解いてみましょう。

問題

学校で行く遠足で、友達と「おやつの重さ」で勝負することになりました。どのおやつを買えば、一番重くなるでしょうか？　ただし、同じおやつは1個までで、予算は200円までです。なお、表12.5.1の列Priceと列Weightは価格と重さです。
表12.5.1に変数の列Varとその値の列Valを追加してください。その表を、期待する結果のように購入する行だけに絞り込んで表示してください。

表12.5.1：おやつの価格と重さ

	Price	Weight
0	100	98
1	45	42
2	32	36
3	68	60
4	54	55

期待する結果

	Price	Weight	Var	Val
0	100	98	Var_0	1.0
1	45	42	Var_1	1.0
4	54	55	Var_4	1.0

ヒント

- セルの途中でDataFrameを出力するにはdisplay()を使います。

解答

リスト12.5.1：解答

| In |

```
import pandas as pd
from mip import Model, maximize, xsum

# おやつの上限
budget = 200

data = [
    [100, 98],
    [45, 42],
    [32, 36],
    [68, 60],
    [54, 55],
]
df = pd.DataFrame(data, columns=["Price", "Weight"])

m = Model()
# 変数
df["Var"] = m.add_var_tensor((len(df),), "Var", var_type="B")
# 目的関数
m.objective = maximize(xsum(df.Weight * df.Var))
# 制約条件
m += xsum(df.Price * df.Var) <= budget
m.verbose = 0
m.optimize()
if m.status.value == 0:
    # 結果
    df["Val"] = df.Var.astype(float)
    # 結果表示
    display(df[df.Val > 0.5])
```

	Price	Weight	Var	Val
0	100	98	Var_0	1.0
1	45	42	Var_1	1.0
4	54	55	Var_4	1.0

解説

この問題は、ナップサック問題です。同じおやつは1個までなので変数は0-1変数にします。この変数の列は、次のように追加します。

変数の列の追加

```
df["Var"] = m.add_var_tensor((len(df),), "Var", var_type="B")
```

数理モデルは、Pythonの書き方を使って次のようになります。変数表の列（VarやWeightなど）は、ベクトルと同じように使えます。

数理モデル（おやつの問題）

- 0-1変数ベクトル：df.Var
- 目的関数：xsum(df.Weight * df.Var) → 最大化
- 制約条件：xsum(df.Price * df.Var) <= budget

変数の値の列は、次のように追加します。

変数の値の列の追加

```
df["Val"] = df.Var.astype(float)
```

この値の列を使って0-1変数の値が1の行だけを取得するには、df[df.Val > 0.5]のようにします。

第 13 章

pandasで再モデル化

ここまでの章で作成したモデルをpandasを使って作り直すことで、その便利さを学びます。

13.1 輸送のモデル

PyQのURL https://pyq.jp/quests/mo_intro_redo_01/

　本章では、表13.1.1の事例のモデルを、pandasを使って作り直します（再モデル化）。

表13.1.1：事例の章と再モデル化する節

事例	pandasで再モデル化
8章「輸送費を減らしたい」	13.1節「輸送のモデル」
9章「もっと食べたくなる献立を」	13.2節「献立のモデル」
10章「お酒をわけよう」	13.3節「試飲会のモデル」
11章「シフト表を作りたい」	13.4節「シフト表のモデル」

　pandasを使うことで、次のようなメリットがあります。括弧内は利用する属性やメソッドです。

- 変数表を使うことで、変数に関連するデータがわかりやすい
  - N個の軸[1]の変数を（表の1列として）1次元で扱える
- 簡単にCSVを読み込める（pd.read_csv()）
- 簡単に種類ごとに処理できる（df.groupby()）
- 簡単に表を結合できる（pd.merge()）
- forを使わずに、表を一度に絞り込める（sr.str.contains()）
- 簡単にシフト表のようなピボットテーブルを作成できる（df.pivot()）
- 簡単にグラフを描ける（df.plot.bar()）

---

[1] たとえば、「どの工場からどの倉庫に」を考えると2軸ですが、このあとの課題では1次元で扱っています。

　早速、8.3節「積載率が低い！」の問題をpandasを使って解いてみましょう。

課題

　あるメーカーでは、工場で製造した製品を、車両で需要地に近い倉庫に輸送しています。

　工場ごとに出荷可能量が、倉庫ごとに需要量が決まっています。

　輸送費を最小化するには、どうしたらいいでしょうか？

　輸送費は、「工場と倉庫間ごとで決まる輸送費の単価」に便数を掛けた合計です。

　工場と倉庫間ごとの輸送費の単価は、CSVファイルにあります。また、車両容量は5です。値の単位は、無視して構いません。

input/truck.csv

```
Factory,Supply,Warehouse,Demand,Cost
F1,39,W1,38,19
F1,39,W2,20,12
F1,39,W3,22,13
...
```

列	意味
Factory	工場名
Supply	出荷可能量
Warehouse	倉庫名
Demand	需要量
Cost	輸送費の単価

数理モデル

　数理モデルは次のようになります。基本的に8.3節「積載率が低い！」と同じモデルです。

> **数理モデル（輸送の問題 - 便数）**
>
> - 変数：
>   - 非負変数VarX：工場と倉庫間ごとの輸送量
>   - 整数変数VarY：工場と倉庫間ごとの便数
> - 目的関数：輸送費の単価と便数の内積 → 最小化
> - 制約条件：
>   - 工場と倉庫間ごとに、便数が「輸送量 / 車両容量」以上
>   - 工場ごとに、輸送量の和が出荷可能量以下
>   - 倉庫ごとに、輸送量の和が需要量に等しい

pandasでモデル化

　変数は、工場と倉庫間ごとに必要です。工場と倉庫間ごとのデータはCSVにあるので、これを使って変数表を作りましょう。

　輸送量を表す非負変数の列名をVarXと、便数を表す整数変数の列名をVarYとします[2]（リスト13.1.1）。

リスト13.1.1：変数表の作成

| In |

```python
import pandas as pd
from mip import Model, minimize, xsum

capacity = 5  # 車両容量
df = pd.read_csv("input/truck.csv")  # 変数表用
m = Model()
# 工場と倉庫間ごとの輸送量
df["VarX"] = m.add_var_tensor((len(df),), "VarX")
# 工場と倉庫間ごとの便数
df["VarY"] = m.add_var_tensor((len(df),), "VarY", var_type="I")
df[:3]
```

---

[2] 変数表に変数の列は、複数あっても構いません。

	Factory	Supply	Warehouse	Demand	Cost	VarX	VarY
0	F1	39	W1	38	19	VarX_0	VarY_0
1	F1	39	W2	20	12	VarX_1	VarY_1
2	F1	39	W3	22	13	VarX_2	VarY_2

| Out |

　応用編ではCSVファイルの入力に数行かかりましたが、pandasの read_csv()[3]を使うことでシンプルに1行で書けます。

　またDataFrameに新しい列を追加するには、構文13.1.1のようにします[4]。

構文13.1.1：新しい列の追加

```
df[新しい列名] = データ
```

　次に、目的関数を設定します（リスト13.1.2）。

　2つの列の内積は、xsum(df.Cost * df.VarY)のように書きます。

リスト13.1.2：目的関数の設定

| In |

```
# 輸送費の単価と便数の内積 → 最小化
m.objective = minimize(xsum(df.Cost * df.VarY))
```

　次に、VarYが便数になるように制約条件を追加します（リスト13.1.3）。

　VarYを便数として成立させるには、輸送量（VarX）を車両容量（capacity）で割った値を下限とします。目的関数でVarYを最小化しているので、VarYが下限を切り上げた最小の値（すなわち便数）になります。

[3] read_csv()については、12.2節「pandasの機能」を参考にしてください。
[4] 列の追加については、12.1節「pandasとは」を参考にしてください。

リスト13.1.3：VarYの制約条件の追加

| In |

```
for x, y in zip(df.VarX, df.VarY):
    # yを便数の下限で抑える
    m += y >= x / capacity
```

　続いて、出荷可能量と需要量の制約条件を追加します（リスト13.1.4）。

　出荷可能量の制約条件は、工場（Factory）ごとに追加します。dfを工場ごとに処理するには、for _, gr in df.groupby("Factory"): のようにgroupby()を使います[5]。

　grには、該当工場の行だけのDataFrameが入ります。このとき、該当工場の出荷可能量はgr.Supply.iloc[0]で取得できます。gr.Supplyはすべて同じ値なので、先頭行を取得すればよいからです。

　また、需要量の制約条件も、倉庫（Warehouse）ごとに同様に追加します。

リスト13.1.4：出荷可能量と需要量の制約条件の追加

| In |

```
for _, gr in df.groupby("Factory"):
    # 工場ごとに、輸送量の和が出荷可能量以下
    m += xsum(gr.VarX) <= gr.Supply.iloc[0]

for _, gr in df.groupby("Warehouse"):
    # 倉庫ごとに、輸送量の和が需要量に等しい
    m += xsum(gr.VarX) == gr.Demand.iloc[0]
```

　最後に、求解して結果を出力します（リスト13.1.5）。

　列VarXや列VarYの値の取得は、変数ベクトルと同じようにastype(float)とします[6]。

　輸送量 / 便数 / 車両容量で計算される平均積載率[7]を、列Rateとして追加

---

[5] groupby()については、12.2節「pandasの機能」を参考にしてください。

[6] astype()については、12.2節「pandasの機能」を参考にしてください。

[7] 平均積載率については、8.3節「積載率が低い！」を参考にしてください。

します。

　結果は、輸送が必要なところだけ表示するようにしましょう。そのためには、df[df.ValY > 0.5]のように列ValYが正の行の変数表を取得します。取得した表を使って、result[列名のリスト]のように見たい列だけ抜き出し、Jupyterの関数display()を使って出力します。

リスト13.1.5：結果の出力

```
In
m.verbose = 0
m.optimize()
if m.status.value == 0:
    df["ValX"] = df.VarX.astype(float)
    df["ValY"] = df.VarY.astype(float)
    df["Rate"] = df.ValX / df.ValY / capacity  # 平均積載率
    result = df[df.ValY > 0.5]   # 便数が正の解
    cols = ["Factory", "Warehouse", "ValX", "ValY", "Rate"]
    display(result[cols])
```

```
Out
```

	Factory	Warehouse	ValX	ValY	Rate
1	F1	W2	15.0	3.0	1.000000
2	F1	W3	22.0	5.0	0.880000
4	F2	W1	33.0	7.0	0.942857
5	F2	W2	5.0	1.0	1.000000
8	F3	W1	5.0	1.0	1.000000
11	F3	W4	36.0	8.0	0.900000

　出力結果の先頭の行を見ると、F1からW2に15だけ輸送し、その平均積載率が1になることがわかります。

　このように、pandasを使うとモデルがわかりやすくなり、結果の加工も簡単にできます。

変数表のメリット

変数表を使うと変数とその属性をまとめて管理でき、次のように処理もシンプルです。

- 変数表に変数の列を追加する
- 変数表を使って数理モデルを作成する
- 求解し、変数表に変数の値の列を追加する

8.3節「積載率が低い!」の方法と比較してみてください。

pandasのテクニック

- 対象列の種類ごとに処理したいときは、`df.groupby(列名)`を使う
- 対象列の先頭の要素は、`df.列名.iloc[0]`で取得する
- 「列と列」や「列と数値」の四則演算で、要素ごとの四則演算ができる

変数表は、変数の種類（たとえばVarX）ごとに1列作ります。このとき、1行に1変数です。

このようにするのは、「1行を1工場に対応させて、行き先ごとに複数列で変数を作成した表」が扱いにくいためです。扱いにくい理由は、データによって列の数が変わるからです。

また、1行1変数にすることで、各行を柔軟に構成できます。

8.3節「積載率が低い!」の変数と比較してみましょう。このときの変数は、2次元配列でした。これはすべての工場と倉庫間に変数を用意していることになります。

しかし、実際の輸送問題では、すべての工場と倉庫間で輸送を考えるわけではありません。

たとえば、「F1からW1への輸送はない」ことがわかっているとしましょう。変数表であれば、考えなくてもよい輸送の行は削除しても構いません。また、いくつかの行を削除したとしても、`groupby()`で書いた制約条件はそのまま動きます。

このように変数表を構成することで、pandasのいろいろな機能が使いやすくなります。

13.2 献立のモデル

PyQのURL https://pyq.jp/quests/mo_intro_redo_02/

9.5節「飽きのこない献立を！」の問題をpandasを使って解いてみましょう。

課題

5食分の献立を決めてください。値の単位は、無視して構いません。

- 献立は後述の候補から選ぶ
- 1つの献立の候補から1食まで選べる
- 5食分の脂肪の合計は60以下とする
- 5食分のタンパク質の合計が80に足りない分をタンパク質不足分とする
- 名前に「ハンバーグ」を含む献立は2食までとする
- 費用と -300 * 好みと1000 * タンパク質不足分の合計を最小化する

献立の候補は、CSVファイルにあります。

:::. input/menu.csv

```
Name,Cost,Liking,Calorie,Fat,Protein
焼肉サラダ,489,6,625,15,18
とんこつラーメン,379,4,408,10,12
カレーハンバーグ,395,7,431,12,13
...
```

列名	意味
Name	名前
Cost	費用
Liking	好み
Calorie	カロリー
Fat	脂肪
Protein	タンパク質

数理モデル

数理モデルは次のようになります。基本的に9.5節「飽きのこない献立を！」と同じモデルです。

数理モデル（献立の問題 - ハンバーグ2品）

- 変数：
  - 0-1変数Var：候補を選ぶかどうか
  - 非負変数y：タンパク質不足分
- 目的関数：「費用 − 300 * 好み + 1000 * タンパク質不足分」の合計 → 最小化
- 制約条件：
  - 選択候補数が5
  - 脂肪の合計が60以下
  - 「タンパク質の合計+タンパク質不足分」が80以上
  - 名前に「ハンバーグ」を含む献立が2つまで

---

pandasでモデル化

変数は、献立の候補ごとに必要です。候補ごとのデータはCSVにあるので、これを使って変数表を作ります。また、変数表とは別にタンパク質不足分用の変数（y）も作ります（リスト13.2.1）。

リスト13.2.1：変数の作成

| In |

```
import pandas as pd
from mip import Model, minimize, xsum

df = pd.read_csv("input/menu.csv")
m = Model()
df["Var"] = m.add_var_tensor((len(df),), "Var", var_type="B")
y = m.add_var("y")  # タンパク質不足分
df[:3]
```

| Out |

	Name	Cost	Liking	Calorie	Fat	Protein	Var
0	焼肉サラダ	489	6	625	15	18	Var_0
1	とんこつラーメン	379	4	408	10	12	Var_1
2	カレーハンバーグ	395	7	431	12	13	Var_2

　目的関数と制約条件を追加します（リスト13.2.2）。

　DataFrameの絞り込みはdf[条件]とします。名前に「ハンバーグ」を含むかどうかの条件はdf.Name.str.contains("ハンバーグ")と書けます[8]。9.5節「飽きのこない献立を！」の書き方よりシンプルですね。

リスト13.2.2：目的関数と制約条件の追加

| In |

```
cost = xsum(df.Cost * df.Var)  # 費用
liking = xsum(df.Liking * df.Var)  # 好み
# 目的関数
m.objective = minimize(cost - 300 * liking + 1000 * y)
# 選択候補数が5
m += xsum(df.Var) == 5
```

---

[8] str.contains()については、12.2節「pandasの機能」を参考にしてください。

```
# 脂肪の合計が60以下
m += xsum(df.Fat * df.Var) <= 60
# 「タンパク質の合計＋タンパク質不足分」が80以上
m += xsum(df.Protein * df.Var) + y >= 80
# 名前に「ハンバーグ」を含む献立が2つまで
m += xsum(df[df.Name.str.contains("ハンバーグ")].Var) <= 2
```

　実行してタンパク質不足分を出力します（リスト13.2.3）。

リスト13.2.3：タンパク質不足分の出力

| In |

```
m.verbose = 0
m.optimize()
if m.status.value == 0:
    print(f"タンパク質不足分 {y.x}")
```

| Out |

```
タンパク質不足分 7.0
```

　選択した献立も出力します（リスト13.2.4）。

リスト13.2.4：献立の出力

| In |

```
df["Val"] = df.Var.astype(float)
df[df.Val > 0.5]
```

| Out |

	Name	Cost	Liking	Calorie	Fat	Protein	Var	Val
0	焼肉サラダ	489	6	625	15	18	Var_0	1.0
1	とんこつラーメン	379	4	408	10	12	Var_1	1.0
2	カレーハンバーグ	395	7	431	12	13	Var_2	1.0
3	豆腐ハンバーグ	313	3	330	8	15	Var_3	1.0
15	魚ステーキ	396	3	486	15	15	Var_15	1.0

出力では名前だけでなく費用などの属性も確認できて便利です。

まとめ

pandasのテクニック

献立名に「ハンバーグ」を含む変数は、次のようにシンプルに書けます。

名前に「ハンバーグ」を含む変数

```
df[df.Name.str.contains("ハンバーグ")].Var
```

13.3 試飲会のモデル

PyQのURL https://pyq.jp/quests/mo_intro_redo_03/

10.3節「2つの尺度で見よう」の問題をpandasを使って解いてみましょう。

課題

　東京と大阪で試飲会を開きます。銘柄リストの銘柄をどちらかに振り分けます。銘柄ごとに各会場のアンケート得点があります。

　なるべく両会場の公平さを保ちつつ、アンケートの得点和が大きくなるように振り分けたいです。そのため、「各会場の得点和の合計が大きい」という尺度と「各会場の得点和の差が小さい」という2つの尺度で最適化してください。

　銘柄リストは、CSVファイルにあります。

input/party.csv

```
Name,Tokyo,Osaka
神風酒造り,3,0
雪の瑞穂酒,2,3
紅葉の美酒,2,4
...
```

列名	意味
Name	名前
Tokyo	東京のアンケート得点
Osaka	大阪のアンケート得点

【 276 】

数理モデル

10.3節「2つの尺度で見よう」と同じく、数理モデルは次のようになります。「各会場の得点和の合計」を目的関数とし、「各会場の得点和の差」を制約条件で考えます。

数理モデル（試飲会の問題 - 複数解用）

- 0-1変数：銘柄ごとに東京を選ぶかどうか
- 目的関数：東京の得点和 + 大阪の得点和 → 最大化
- 制約条件：東京の得点和 ≧ しきい値

次の手順のようにしきい値を変えながら繰り返し解いて、各会場の得点和とその合計を求めます。

- ステップ1：東京の得点和 >= 0 の制約条件を追加しモデル作成
- ステップ2：求解し、解を出力
- ステップ3：「東京の得点和」が「大阪の得点和」より大きくなれば終了、そうでない場合はステップ4へ
- ステップ4：ステップ1の制約条件のしきい値（右辺の値）を現在の解の東京の得点和 + 1に更新し、ステップ2へ

なお、ステップ1の最適解が「東京の得点和 < 大阪の得点和」になることをあらかじめ確認済みとします。そのため、東京の得点和 ≧ しきい値という制約条件としています。詳しくは、10.3節「2つの尺度で見よう」を参照してください。

pandasでモデル化

変数は、銘柄ごとに必要です。銘柄ごとのデータはCSVにあるので、これを使って変数表を作ります。

モデルは10.3節「2つの尺度で見よう」とほぼ同じになります（リスト

13.3.1）。

　なお、今回は結果としてグラフを描画するので、%matplotlib inline という
コマンドを含めています。これは、グラフをJupyterのノートブック内に表示
させるコマンドです。グラフ表示に必要なものとだけ考えてください[9]。

リスト13.3.1：モデルの作成

| In |

```
%matplotlib inline
import pandas as pd
from mip import Model, maximize, xsum

df = pd.read_csv("input/party.csv")
m = Model()
df["Var"] = m.add_var_tensor((len(df),), "Var", var_type="B")
# 東京の得点和
tokyo = xsum(df.Tokyo * df.Var)
# 大阪の得点和
osaka = xsum(df.Osaka * (1 - df.Var))
# 各会場の得点和の合計
m.objective = maximize(tokyo + osaka)
# 東京の得点和の下限を追加
m += tokyo >= 0
```

　続いて、しきい値[10]を変えながら、東京の得点和が大阪の得点和より大きく
なるまで繰り返し解きます。

　各会場の得点和のリスト（lst）から、DataFrameとして結果（dfr）を作成
します（リスト13.3.2）。

----

[9] 実行環境によっては不要です。

[10] ここでしきい値としているrhsについては、6.3節「VarとLinExprの値の取得」のコラムを参考にし
てください。

リスト13.3.2：繰り返し実行

```
In
```

```python
lst = []
while True:
    m.verbose = 0
    m.optimize()
    if m.status.value:
        break
    tokyo_x = tokyo.x
    osaka_x = osaka.x
    lst.append((tokyo_x, osaka_x))
    if tokyo_x > osaka_x:
        break
    m.constrs[0].rhs = tokyo_x + 1   # しきい値の更新
dfr = pd.DataFrame(lst, columns=["Tokyo", "Osaka"])
dfr["Sum"] = dfr.Tokyo + dfr.Osaka
dfr
```

```
Out
```

	Tokyo	Osaka	Sum
0	52.0	84.0	136.0
1	64.0	72.0	136.0
2	66.0	69.0	135.0
3	67.0	68.0	135.0
4	68.0	67.0	135.0

　dfrを確認すると、5回繰り返したところで、東京の得点和が大阪の得点和を超えました。

　数値で見るよりグラフで確認する方がわかりやすいです。この得点和を積み上げ棒グラフで表示しましょう（リスト13.3.3）。

　dfr[["Tokyo", "Osaka"]]で、2列だけのDataFrameとし、plot.bar()で棒

グラフを出力します。stacked=Trueが積み上げの指定です[11]。

リスト13.3.3：得点和の積み上げ棒グラフ

| In |

```python
dfr[["Tokyo", "Osaka"]].plot.bar(stacked=True);
```

| Out |

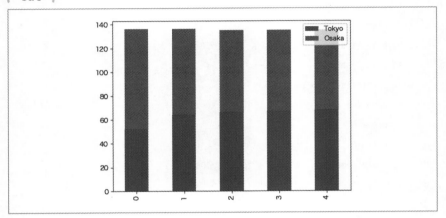

　繰り返し回数が増えるにつれ、東京の得点和（棒の1段目）が増えていき、大阪の得点和（棒の2段目）が減っていく様子が確認できます。

　積み上げ棒グラフなので、棒の上辺が東京と大阪の和です。

　dfrの2行目、4行目、5行目は、パレート最適[12]になっています。

まとめ

pandasのテクニック

結果をDataFrameにすることで、簡単にグラフで確認できます。

🔅 得点和の積み上げ棒グラフ

```python
dfr[["Tokyo", "Osaka"]].plot.bar(stacked=True);
```

---

[11] plot.bar()については、12.2節「pandasの機能」を参考にしてください。

[12] パレート最適については、10.3節「2つの尺度で見よう」のコラムを参照してください。

13.4 シフト表のモデル

PyQのURL https://pyq.jp/quests/mo_intro_redo_04/

11.5節「2つの答えを出そう」の問題を pandas を使って解いてみましょう。

課題

次の条件を満たすように4人のスタッフの7日分のシフト表を**2つ作成して**ください。また、なるべくスタッフの希望シフトを叶えるようにしてください。シフトの種類は、日勤、夜勤、休みとします。日番号は0から始まる通し番号です。

- スタッフごとの条件
  - 日勤4日以下
  - 夜勤2日以下
  - 休み2日以下
- 日番号ごとの条件
  - 日勤2人
  - 夜勤1人

希望シフトは、CSV ファイルにあります。
最初の2行は、安藤さんが日番号0と3を休みにしたいことを表しています。

input/shift.csv

```
Staff,Day,Shift
安藤,0,休
安藤,3,休
佐藤,2,休
```

| 高橋,1,休 |
| 高橋,6,休 |
| 山田,5,休 |

列	意味
Staff	スタッフ名
Day	日番号
Shift	シフト

数理モデル

「2つの数理モデルから2つのシフト表を作る流れ」とその2つのモデルは、11.5節「2つの答えを出そう」と同じです。

1つ目の数理モデルは次の通りです。

数理モデル（シフト表 - 1つ目）

- 0-1変数：スタッフごと、日番号ごと、シフトごとに「する／しない」
- 目的関数：希望シフトの成立数 → 最大化
- 制約条件：
  - スタッフごと、日番号ごとに1つのシフトを割り当て
  - スタッフごとに日勤4日以下
  - スタッフごとに夜勤2日以下
  - スタッフごとに休み2日以下
  - 日番号ごとに日勤2人
  - 日番号ごとに夜勤1人

ここで「希望シフトの成立数」は、該当スタッフの該当日番号の該当シフトに当たる変数の和です。

2つ目の数理モデルは、1つ目の数理モデルに次の制約条件を追加したものです。

> **数理モデル（シフト表 - 2つ目）**
>
> ● 制約条件（追加分のみ）：
>   ● 1つ目の解で1になった変数の和が、その総数 - 1以下

pandasでモデル化

まずは、スタッフと日番号とシフトのSeriesを作成します（リスト13.4.1）。これらは変数表の作成に使います。

リスト13.4.1：スタッフと日番号とシフト

| In |

```python
import pandas as pd
from mip import Model, maximize, xsum


_names = ["安藤", "佐藤", "高橋", "山田"]
staffs = pd.Series(_names, name="Staff")
days = pd.Series([0, 1, 2, 3, 4, 5, 6], name="Day")
shifts = pd.Series(["日", "夜", "休"], name="Shift")
```

続いて、スタッフごと日番号ごとシフトごとの変数表dfsを作ります（リスト13.4.2）。

11.5節「2つの答えを出そう」では変数の3次元配列を作りましたが、ここでは変数を3次元ではなく1次元にします。そのためには、各行にスタッフごと日番号ごとシフトごとの組み合わせを作る必要があります。

この組み合わせは、pd.merge()を使って作ります。3つを組み合わせるので、2回merge()します[13]。

---

[13] merge()については、12.2節「pandasの機能」を参考にしてください。

リスト13.4.2：スタッフごと日番号ごとシフトごとの変数表の作成

```
| In |

m = Model()


_df = pd.merge(staffs, days, "cross")
dfs = pd.merge(_df, shifts, "cross")
# スタッフごと、日番号ごと、シフトごとに「する／しない」
dfs["Var"] = m.add_var_tensor((len(dfs),), "Var", var_type="B")
dfs[:3]
```

```
| Out |
```

	Staff	Day	Shift	Var
0	安藤	0	日	Var_0
1	安藤	0	夜	Var_1
2	安藤	0	休	Var_2

続いて、希望シフトの表をCSVから作成します。また、この表に対応する変数をmerge()で追加します（リスト13.4.3）。

リスト13.4.3：希望シフトの表

```
| In |

dfw = pd.read_csv("input/shift.csv")
dfw = pd.merge(dfw, dfs)
dfw
```

```
| Out |
```

	Staff	Day	Shift	Var
0	安藤	0	休	Var_2
1	安藤	3	休	Var_11
2	佐藤	2	休	Var_29
3	高橋	1	休	Var_47
4	高橋	6	休	Var_62
5	山田	5	休	Var_80

変数が揃ったので、目的関数と制約条件を追加し、1回目の実行をします。

列の種類ごとに絞り込みをしたい場合は、groupby()してから絞り込みをします[14]（リスト13.4.4）。

リスト13.4.4：目的関数と制約条件を追加し1回目の実行

```
In
```

```python
# 希望シフトの成立数 → 最大化
m.objective = maximize(xsum(dfw.Var))


for _, gr in dfs.groupby(["Staff", "Day"]):
    m += xsum(gr.Var) == 1  # スタッフごと、日番号ごとに1つのシフトを割り当て


for _, gr in dfs.groupby("Staff"):
    m += xsum(gr[gr.Shift == "日"].Var) <= 4 # スタッフの日勤4日以下
    m += xsum(gr[gr.Shift == "夜"].Var) <= 2 # スタッフの夜勤2日以下
    m += xsum(gr[gr.Shift == "休"].Var) <= 2 # スタッフの休み2日以下


for _, gr in dfs.groupby("Day"):
    m += xsum(gr[gr.Shift == "日"].Var) == 2 # 日番号ごとに日勤2人
    m += xsum(gr[gr.Shift == "夜"].Var) == 1 # 日番号ごとに夜勤1人


m.verbose = 0
m.optimize()
```

```
Out
```

```
<OptimizationStatus.OPTIMAL: 0>
```

[14] 絞り込みについては、12.1節「pandasとは」を参考にしてください。

1つ目のシフト表

1つ目のシフト表を出力しましょう。pivot()を使えば、変数表からシフト表を簡単に作成できます[15]。

出力用の関数を定義し、1つ目のシフト表を出力します（リスト13.4.5）。

リスト13.4.5：1つ目のシフト表

| In |

```
def set_val_and_show(dfs):
    dfs["Val"] = dfs.Var.astype(float).round().astype(int)
    ans = dfs[dfs.Val > 0.5]
    t = ans.pivot(columns="Day", index="Staff", values="Shift")
    display(t)
    return ans


if m.status.value == 0:
    ans = set_val_and_show(dfs)
```

| Out |

Day	0	1	2	3	4	5	6
Staff							
佐藤	日	夜	休	夜	日	日	日
安藤	休	日	日	休	日	夜	夜
山田	夜	日	日	日	休	休	日
高橋	日	休	夜	日	夜	日	休

----

[15] pivot()については、12.2節「pandasの機能」を参考にしてください。

2つ目のシフト表

1回目の解が ans に入っています。ans と同じ解が出ることを禁止する制約条件を追加しましょう。

2回目の実行をし、2つ目のシフト表を出力します（リスト13.4.6）。

リスト13.4.6：2つ目のシフト表

```
In
m += xsum(ans.Var) <= len(ans) - 1
m.optimize()

if m.status.value == 0:
    ans2 = set_val_and_show(dfs)
```

```
Out
```

Day	0	1	2	3	4	5	6
Staff							
佐藤	日	日	休	夜	日	夜	日
安藤	休	日	日	休	日	日	夜
山田	夜	夜	日	日	休	休	日
高橋	日	休	夜	日	夜	日	休

1つ目と異なるシフト表が得られました。

まとめ

pandasのテクニック

- 2つの列の組み合わせの表は、pd.merge(列1, 列2, "cross")とする
- 変数表の変数を別の表に追加したいときは、pd.merge(別の表, 変数表)とする
  - デフォルトでは、2つの表で列名が同じものがキーとなる
- ある列の種類ごとに、絞り込みをしたい場合は、groupby()してから絞り込む

変数にiやjを使うと、何の変数を表しているのかわかりにくいです。一方で、変数表を使うと列名（次のコード中のStaff）や値（次のコード中の"日"）が使えるのでわかりやすくなります。

スタッフごとに「日勤は4日以下」という制約条件で比較してみましょう。

変数表を使わない場合と使う場合

```
# 変数表を使わない場合
for i0 in range(n0):
    m += xsum(x[i0, :, 0]) <= 4


# 変数表を使う場合
for _, gr in dfs.groupby("Staff"):
    m += xsum(gr[gr.Shift == "日"].Var) <= 4
```

変数表を使わない場合は、（1軸目なので）スタッフごとに処理していること、（値が0なので）日勤の日数を計算していることが、ひと目でわかりません。

変数表を使うと、Staffの種類ごとに処理していること、gr.Shift == "日"という絞り込みをしていることが、ひと目でわかります。

このように、変数表を使うと変数に関するデータをまとめて扱えるようになり、わかりやすくなります。

おわりに

　お疲れさまでした。本書では、線形最適化と混合整数最適化、および、数理最適化による問題解決の初歩を学びました。PyQ では、次のような問題解決のコンテンツも用意しています。さらに学習を深めたい方はぜひ活用してください。

「数理的アプローチによる問題解決」コースより抜粋
`URL` https://pyq.jp/courses/52/

- 確率の問題
- グラフ理論
- 巡回セールスマン問題
- 配送最適化問題
- シミュレーション
- 最適化で解くパズル

　数理最適化は問題解決の強力な手段ですが、実務で問題解決をする場合には手段にこだわりすぎないようにしてください。モデルが複雑すぎると感じたら、やり方を柔軟に見直してみましょう。シンプルな工夫や可視化で十分な効果が出ることもあります。

チートシート

本書の基礎編で覚えておくとよいことをチートシートとしてまとめました。

属性と関数

- 変数作成：モデル.add_var(変数名)
- 変数ベクトル作成：モデル.add_var_tensor((個数,), 変数名)
- 目的関数：モデル.objective
- ログ表示なし：モデル.verbose = 0
- 最適化実行：モデル.optimize()
- 結果のステータスの値：モデル.status.value
- 目的関数の値：モデル.objective_value
- 変数ベクトルの合計：xsum(変数ベクトル)
- 変数ベクトルの内積：xsum(定数ベクトル * 変数ベクトル)
- 変数の下限：変数.lb
- 変数の上限：変数.ub
- 変数の型：変数.var_type
- 変数や一次式の値：変数.x または一次式.x
- 変数ベクトルの値：変数.astype(float, subok=False)

変数の種類

変数の種類	意味	変数作成時の引数
非負変数	0以上の変数	lb=0（デフォルト）
自由変数	上下限なしの変数	lb=-INF
連続変数	実数を取る変数	var_type="C"（デフォルト）
0-1変数	0か1を取る変数	var_type="B"
整数変数	整数を取る変数	var_type="I"

結果のステータスの種類

ステータスの種類	意味	値
最適解あり（OPTIMAL）	最適解が得られた	0
実行不可能（INFEASIBLE）	最適解が存在しない	1
非有界（UNBOUNDED）	目的関数の値が発散している	2

数理モデルの書き方の例

```
from mip import INF, Model, maximize, xsum

m = Model()
v = m.add_var_tensor((2,), "v")
c = [100, 100]
m.objective = maximize(xsum(c * v))
m += xsum([1, 2] * v) <= 16
m += xsum([3, 1] * v) <= 18
m.verbose = 0
m.optimize()
if m.status.value == 0:
    print(v.astype(float, subok=False))
```

参考書籍

数理最適化について、より興味のある方は次の書籍も参考にしてみてください。

- 『しっかり学ぶ数理最適化 モデルからアルゴリズムまで』
  （梅谷 俊治 著／講談社）
  URL https://bookclub.kodansha.co.jp/product?item=0000275620

- 『Pythonではじめる数理最適化
  ケーススタディでモデリングのスキルを身につけよう』
  （岩永 二郎 著、石原 響太 著、西村 直樹 著、田中 一樹 著／オーム社）
  URL https://www.ohmsha.co.jp/book/9784274227356/

- 『Python言語による実務で使える100+の最適化問題』
  （久保 幹雄 著／朝倉書店）
  URL https://scmopt.github.io/opt100/

- 『Pythonによる 数理最適化入門』
  （久保 幹雄 監修、並木 誠 著／朝倉書店）
  URL https://www.asakura.co.jp/detail.php?book_code=12895

- 『最適化問題入門 錐最適化・整数最適化・ネットワークモデルの組合せによる』
  （久保 幹雄 監修、小林 和博 著／近代科学社）
  URL https://www.kindaikagaku.co.jp/book_list/detail/9784764906143/

- 『数理最適化の実践ガイド』
  （穴井 宏和 著／講談社サイエンティフィク）
  URL https://www.kspub.co.jp/book/detail/1565104.html

- 『今日から使える！組合せ最適化 離散問題ガイドブック』
  （穴井 宏和 著、斎藤 努 著／講談社サイエンティフィク）
  URL https://www.kspub.co.jp/book/detail/1565449.html

INDEX

あ

か

や

ら

ま

PROFILE

株式会社ビープラウド

株式会社ビープラウドは、2008年よりPythonを主言語として採用、Pythonを中核にインターネットプラットフォームを活用したシステムの自社開発・受託開発を行う。優秀なPythonエンジニアがより力を発揮できる環境作りに努め、Python特化のオンライン学習サービス「PyQ（パイキュー）」・システム開発者向けクラウドドキュメントサービス「TRACERY（トレーサリー）」などを通してそのノウハウを発信。IT勉強会支援プラットフォーム「connpass（コンパス）」の開発・運営や勉強会「BPStudy」の主催など、技術コミュニティ活動にも積極的に取り組む。

PyQ

PyQは実務的なプログラミングを身につけるPython学習サービス。
「あらゆるプロに、Pythonを学びやすく」をミッションとして開発・運用を行っている。

株式会社ビープラウド PyQチーム
斎藤 努（さいとう・つとむ）

東京工業大学大学院理工学研究科情報科学専攻修士課程修了。
2023年現在、株式会社ビープラウドにてPyQや数理最適化案件などを担当。
技術士（情報工学）。

装丁・本文デザイン　大下 賢一郎

装丁写真　iStock / klerik78

DTP　株式会社シンクス

校正協力　佐藤 弘文

Python で学ぶ
数理最適化による問題解決入門

2024年 4月11日　初版第1刷発行

著者
株式会社ビープラウド、PyQ チーム、斎藤 努

発行人　佐々木 幹夫

発行所　株式会社翔泳社（https://www.shoeisha.co.jp）

印刷・製本　株式会社ワコー

本書へのお問い合わせについては、ii ページに記載の内容をお読みください。

落丁・乱丁はお取り替えいたします。03-5362-3705 までご連絡ください。

ISBN978-4-7981-7269-9
Printed in Japan